ENQUÊTE SUR DES EXTRA-TERRESTRES QUI SONT DÉJÀ PARMI NOUS

JEAN-PIERRE PETIT

ENQUÊTE SUR DES EXTRA-TERRESTRES QUI SONT DÉJÀ PARMI NOUS

Le mystère des Ummites

Albin Michel

Collection « Aux marches de la science »
dirigée par Jacques Benveniste

22, rue Huyghens, 75014 Paris.

ISBN 2-226-05515-0

À mon fils Jean-Christophe

INTRODUCTION

La lettre sur la guerre du Golfe

J'étais content de revoir Rafael. La propriété, juchée en haut d'une colline près de Barcelone, ressemblait toujours à une sorte d'arche de Noé ou de vaste réserve. Les pur-sang hennissaient dans leurs boxes, les daims craintifs allaient et venaient dans leur enclos, les oiseaux tropicaux discutaient dans leur large cage. En entrant, sur la gauche, j'aperçus les fennecs, petits renards des sables aux longues oreilles. Nous entrâmes dans le grand salon aux larges baies transparentes, faites du métacrylate fabriqué jadis dans les usines de Rafael.

– Alors, que penses-tu de la lettre que les Ummites nous ont envoyée juste avant le déclenchement de la guerre du Golfe? Elle est datée du 5 janvier.

– J'en ai pris connaissance. Tout ce qui y était prévu s'est effectivement produit, à quelques détails près. Ceux qui l'ont écrite connaissaient bien la situation sur le terrain et le détail du plan d'attaque américain.

Cette lettre, reçue par des Espagnols avant le déclenchement du conflit armé, donnait en effet bon nombre de détails techniques sur le recours aux missiles de croisière et indiquait les cibles prioritaires. La personnalité de Saddam Hussein était aussi évoquée et décortiquée. Comme toutes les lettres de ce type, elle se concluait par des énoncés de probabilités. Le déclenchement du conflit armé y était présenté comme probable à 98 %, avec une fourchette de dates se situant entre le 12 et le 20 janvier. La guerre y était considérée comme inévitable étant donné les progrès réalisés par les Irakiens en matière d'arme nucléaire, qui les mettaient, selon ce texte, à peu d'années de la réalisation d'un engin opérationnel. Le document évoquait un possible recours au terrorisme, dans les capitales des pays impliqués dans la guerre : une action biochimique, basée sur l'empoisonnement des réserves d'eau potable à l'aide de virus. La probabilité n'était que de 30 %. Cela ne se produisit pas. La menace était-elle réelle ? La température des eaux était peut-être trop basse dans ces villes et en cette saison pour permettre une prolifération des souches virales, à moins que Saddam n'ait craint des représailles massives, y compris nucléaires, ou n'ait négocié secrètement le sauvetage de sa personne et des restes de sa garde nationale en échange d'un non-recours à ce terrorisme à grande échelle. Sans doute, nul ne saura jamais la vérité.

Rafael resta silencieux de longues minutes. En début d'après-midi nous avions visité son élevage de chevaux. Quatre de ses juments avaient mis bas tout récemment. Les ébats des poulains dans le corral avaient été un spectacle merveilleux pour ma fille Déborah, qui allait sur ses sept ans. J'avais tenu à lui rendre visite pour un tout autre motif :

– Je trouve que cela a assez duré. Les premières lettres émanant de ceux qui s'intitulent les Ummites, celles qui ont été reçues par Sesma, datent de 1962. Cela fait vingt-neuf ans. Tu es impliqué dans ce jeu depuis vingt-quatre ans, moi depuis quinze. Quels que soient ceux qui jouent, je n'aime pas cela. J'ai l'impression d'être un rat de laboratoire à qui on jette, de temps en temps, quelques grains.

– Alors, que vas-tu faire?

– Écrire un livre et tout raconter : le contenu des lettres, les travaux scientifiques qu'elles ont entraînés, les faits, les drames qui font partie intégrante de cette histoire, les témoignages que j'ai recueillis et ce dont j'ai été témoin.

– Tu veux dire que cette affaire a cessé de t'intéresser?

– Non, pas du tout. S'il y a d'autres lettres qui arrivent, j'en serai curieux, comme des précédentes. Mais je suis un scientifique. Depuis quinze ans, je suis confronté à cette histoire complètement tentaculaire, à ces milliers de pages de documents. Aujourd'hui, des idées qui étaient en germe dans certains rapports diffusés vingt-neuf ans plus tôt prennent corps. Je pense par exemple à la MHD [1]. Les justifications fournies par nos meneurs de jeu quant à la confidentialité ne me paraissent plus convaincantes. Donc, j'ai pris la décision de tout raconter.

Un mois avant, en avril 1991, la revue *Science et vie* avait fait sa première page avec le « sous-marin MHD ». Suivait un article copieux qui évoquait les percées récemment réalisées dans ce domaine. Les navires de surface et les sous-marins allaient connaître bientôt une véritable révolution, grâce à la propulsion électromagnétique, découlant des progrès récents en matière de supraconduction. L'ar-

1. Magnétohydrodynamique. Pour plus de précisions se reporter à mon ouvrage *Enquête sur les OVNI*, Albin Michel, 1990.

ticle comportait une photo d'une vedette construite par les Japonais, prête pour les essais, équipée de deux propulseurs MHD, absolument identique à celle que j'avais fait naviguer dix ans plus tôt dans un petit bassin d'eau salée sur un plateau de télévision [1]. Une illustration décrivait l'accélérateur pariétal que j'avais expérimenté en 1975.

– Ton nom n'est pas cité, remarqua Rafael après avoir lu l'article.

– C'est pourtant chez eux que j'ai publié, en même temps que mes premières notes aux comptes rendus de l'Académie des sciences de Paris, deux articles consacrés à la MHD, en 1974 et 1975.

– Tu penses que cet oubli est volontaire?

– Bien sûr. Et tu comprends très bien pourquoi : que les sous-marins se propulsent avec des forces électromagnétiques passe encore, mais si on accroît le rapport puissance sur poids, ils ne navigueront plus, ils s'envoleront et pourront croiser à vitesse hypersonique dans l'atmosphère sans produire de Bang. Tout cela je l'ai dit et publié abondamment. Un ingénieur a même fait une thèse de doctorat sur ce sujet, sous ma direction. Ce n'est pas pour tout de suite, mais le processus est en marche. Tout est devenu inéluctable. Cela prouve que le contenu des documents Ummo datant du début des années soixante est en train de se concrétiser près de trente ans plus tard.

– Alors?

– Ne comprenant pas à quoi jouent ceux qui, quels qu'ils soient, ensemencent ainsi nos connaissances, je pense qu'il est de mon devoir de scientifique d'apporter mon témoignage sur toute cette histoire.

1. Émission « Temps X » sur TF 1.

Les premiers documents

Je fis la connaissance de Maurice en 1974. Il travaillait comme chercheur dans un laboratoire d'astronomie de la région de Marseille. Cet homme est tout sauf un rêveur. Quelques années plus tôt, alors qu'il était en vacances chez son père dans la région avignonnaise, il avait été témoin d'un vol d'ovnis. Son témoignage avait une précision toute astronomique. Il avait vu plusieurs objets lumineux, en forme de disques, évoluer en formation comme des canards. Après avoir parcouru une bonne portion du ciel en présentant des mouvements relatifs les uns par rapport aux autres, ces objets étranges avaient viré brutalement pour disparaître en une accélération foudroyante.

Comment tout cela pouvait-il fonctionner? Nous n'en avions pas la moindre idée. Maurice était en contact avec Claude Poher, ingénieur au Centre national d'Études spatiales de Toulouse et directeur, à l'époque, du département fusées sondes. Poher montrait un vif intérêt pour le sujet. Il avait mis de nombreux cas d'observations d'ovnis sur l'ordinateur du CNES et s'efforçait d'effectuer des statistiques et des recoupements. Ce hobby l'avait mis, au fil des années, en contact avec de nombreuses personnes également intéressées par le sujet dans plusieurs pays. Parmi ceux-ci se trouvait un journaliste-écrivain, nommé Antonio Ribera, qui habitait près de Barcelone. Ce dernier lui avait fourni des copies de documents étranges, tapés à la machine, rédigés dans un espagnol tout à fait correct et reçus par différentes personnes du pays, dont lui-même. Claude Poher en avait envoyé un échantillon à Maurice, en lui demandant son avis. Un jour Maurice mit sous mes yeux ces quelques feuilles.

J'avais déjà vu plusieurs fois des documents émanant de prétendus contactés. Souvent ces gens obéissent à une impulsion télépathique et pratiquent l'« écriture automatique » ou se mettent à parler comme des médiums. D'autres allèguent des rencontres avec des mentors qui leur auraient fait des révélations « transcendantes ». Ces expériences servent souvent de base à la création d'une nouvelle secte, le contacté se muant en gourou. De tels textes m'avaient toujours paru naïfs. La plupart du temps ils étaient simplement assommants.

Dans le cas des textes apportés par Maurice, les signataires se présentaient eux-mêmes d'emblée comme des extra-terrestres, venus d'une planète nommée Ummo et située à quelque 15 années-lumière, dans la constellation de la Vierge. Selon Ribera, un certain nombre d'Espagnols auraient bénéficié de rapports, expédiés tout simplement par la poste, depuis 1962. Lui-même avait été un des récipiendaires.

Je parcourais ces pages. Elles décrivaient les différents composants d'une étrange machine discoïde, ressemblant à deux assiettes accolées l'une contre l'autre. Il y avait toutefois quelque chose d'étonnant : le style était celui d'une notice technique de chez Matra ou Dassault. Bien qu'étant alors en poste à l'observatoire de Marseille, j'avais fait des études d'ingénieur de l'aéronautique à Supaéro dans les années soixante. J'étais donc sensibilisé aux questions techniques.

La première chose qui m'attira l'œil fut une solution originale en matière de résistance des matériaux. La coque de l'objet constituait ce qu'on appellerait maintenant un matériau composite. Sa structure était extrêmement complexe, on pourrait dire vascularisée. Il était dit que dans certains éléments de cette structure, on pouvait trouver jusqu'à 400 composants par millimètre cube. Lorsque la machine accélérait, cette enveloppe creuse était soumise à des efforts et il était précisé que l'accélération n'était pas effectuée continûment mais par paliers. Tout cela n'avait rien d'illogique. Les spécialistes de l'aérospatiale savent que l'être humain résiste mieux à une succession d'accélérations élevées plutôt qu'à une accélération continue. Les chocs subis par la structure risquaient d'engendrer des oscillations dommageables. Tout ensemble mécanique peut entrer en résonance. Les vibrations s'amplifient alors et peuvent entraîner la rupture. On connaît l'exemple classique du pont suspendu sur lequel on recommande aux soldats de ne point marcher au pas, sous peine de voir, éventuellement, ce rythme entrer en résonance avec la structure même de l'ouvrage et provoquer son effondrement.

La coque de l'ovni, si elle entrait en résonance pendant ces phases d'intense accélération, pouvait également se briser. La note technique fournissait la solution. Ladite coque était donc parcourue, maillée, par un grand nombre de vaisseaux, de tubulures de fin diamètre, contenant un métal facilement liquéfiable. Elle contenait également un réseau serré de capteurs détectant en continu les tensions, le tout étant connecté à un ordinateur de bord, qui portait le nom poétique de XANMOO. Si cet ordinateur détectait des trains d'ondes mécaniques susceptibles de se focaliser en un point de la structure, d'entrer en résonance avec celle-ci, des micro-systèmes liquéfiaient ou solidifiaient immédiatement le fluide emplissant les mini-tubulures, ce qui avait évidemment pour effet de modifier localement la valeur de la fréquence de résonance. C'était extrêmement astucieux. Aujourd'hui encore je ne crois pas qu'une telle solution puisse être mise en application, mais je la vois très nettement s'imposer dans notre futur technologique.

Je pourrais évidemment reproduire dans cet ouvrage des extraits ou même l'intégralité de certains textes. L'ensemble auquel j'ai eu personnellement accès représente près de 2 000 pages. Tout ceci rendrait ce livre lourd et indigeste. Disons que, dans ce qui va suivre, je vais simplement essayer de donner une vue d'ensemble de ce dossier, accompagnée d'une impression qui ne peut être que subjective. Le lecteur curieux n'aura aucun mal à se procurer une masse importante de documents, pour peu qu'il se donne quelque peine et remonte jusqu'à la source. Un ouvrage a même été publié en français, sous la plume d'Antonio Ribera, en 1984 aux éditions du Rocher, avec pour titre : *Ummo, le langage extraterrestre.* Le texte auquel je me réfère ici correspond aux pages 125 à 173. Ce livre n'eut aucun succès à l'époque et passa pratiquement inaperçu, tout simplement parce que ces textes sont quasiment illisibles. Ils fourmillent de détails techniques qui lassent vite le non-scientifique. Quant aux scientifiques, c'est simple : ils ne lisent pas ce genre d'ouvrage.

Je me mets d'ailleurs à la place d'un scientifique plongeant dans cette prose. Il a toutes les chances d'être rebuté au bout de quelques pages. J'ai fini, quant à moi, par m'habituer à cette lourdeur verbeuse, à ce style ampoulé, plein de circonvolutions interminables, bourré de mots étranges : OAAWOLEA UEWA, XEE, IBOZO-UU, XANWAABUASII DIIO, et de cryptoglyphes divers [1], dont voici un échantillon :

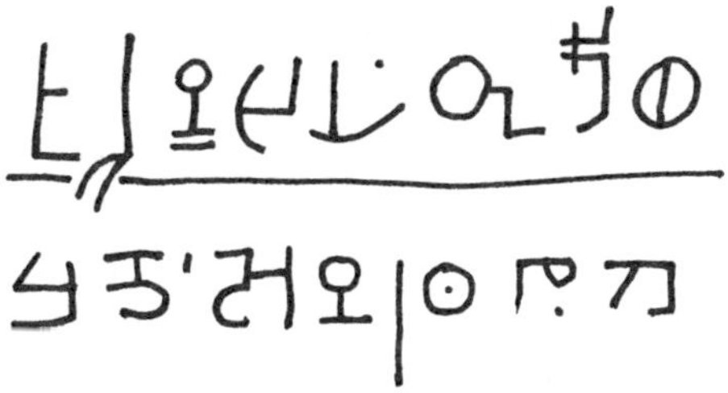

Cryptoglyphe ummite

Au milieu de cet inimaginable charabia, il semblait pourtant y avoir quelques phrases porteuses de sens. Une partie du document se référait ainsi à l'habitacle de la machine, de forme toroïdale. Les passagers de l'engin ne reposaient pas dans des sièges, mais étaient censés flotter dans un liquide spécial, tixantropique. Lorsque le véhicule n'était pas soumis à une accélération, ce fluide était refoulé hors du toroïde habitacle.

1. Antonio Ribera a recensé plus de 400 de ces phonèmes et il doit exister une masse équivalente de cryptoglyphes. J'aurais aimé voir un linguiste ou un cryptographe se pencher sur ce matériel relativement important. Ne disposant d'aucune méthode d'approche je n'ai pratiquement rien pu faire dans cette voie.

Si la machine reposait sur une planète, ses passagers humanoïdes évoluaient, campés sur les deux jambes. Quand elle voguait dans l'espace, ils flottaient librement dans cet habitacle ou, en régime de croisière, subissaient une légère pesanteur artificielle due à la force centrifuge, résultant de la mise en rotation de leur machine autour de son axe. Ce toroïde ressemblait, en plus petit, à la station-relais immortalisée par Kubrick dans le film *2001, l'Odyssée de l'espace* et située entre la Terre et la Lune. Les textes ajoutaient qu'un implant discret, situé dans l'oreille interne, annulait le classique mal de l'espace qui résulterait immédiatement d'une rotation dans une structure de rayon si faible.

Que signifiait ce mot tixantropique? En fouillant dans une encyclopédie, j'appris qu'il se référait à des substances ayant la propriété de passer brutalement de l'état solide à l'état liquide, par exemple sous l'effet d'un ébranlement. Ainsi fonctionnent les sables mouvants, mélange d'eau et de sable, ou de vase, qui présentent au repos une apparence solide. Si un imprudent marche sur ce sol-piège, l'ébranlement qui en résulte transforme une grande masse en liquide, instantanément. Le malheureux se trouve aussitôt englouti jusqu'au cou. Le milieu retrouve alors son état solide, ou quasi solide. D'où le danger considérable de se trouver dans un tel endroit. Cela m'est arrivé quand j'avais une douzaine d'années, dans un estuaire breton, près d'un lieu nommé Landévenec. Je courais sur un sol sableux et, soudain, je fus complètement happé, disparaissant jusqu'aux épaules. Fort heureusement, je transportais une branche d'arbre que je venais de couper. J'étais scout et nous étions en train d'installer un village lacustre. En m'agrippant à cette branche je réussis à m'extraire d'une vase noirâtre dont je garde un souvenir exécrable.

Les pétroliers connaissent bien les boues tixantropiques, sans lesquelles il leur serait impossible d'effectuer un forage. Elles leur servent à lubrifier le trépan, qui peut mesurer des milliers de mètres de longueur. La boue est amenée par le tube du forage et imprègne les roches alentour. Si on employait une boue ordinaire, que se passerait-il en cas d'arrêt du forage? L'eau diffuserait dans le matériau foré, le trépan se retrouverait complètement soudé, collé à la couche terreuse ou rocheuse et quand on voudrait reprendre le forage il se briserait. En revanche, si on utilise une boue tixantropique (je crois que la principale source de ces boues naturelles est située au Mexique), dès que le forage est stoppé, celle-ci retourne à l'état solide en conservant toute son eau. Pour reprendre le forage, il suffit de mettre le tube en vibration, ce qui a pour effet de liquéfier la boue et le lubrifiant indispensable est aussitôt recréé.

Le texte que Maurice m'avait confié contenait cette référence à la tixantropie. L'habitacle où évoluaient les passagers de la nef était empli d'un tel fluide ayant la propriété de passer très rapidement de l'état liquide à l'état solide sous l'effet d'un champ électrique. Je ne sais pas si cette substance existe actuellement. La question serait à poser aux physiciens du solide, mais une telle solution ne me semble pas *a priori* inenvisageable. Selon ces textes, le milieu emplissant le toroïde était solidifié lorsque la nef était en phase d'accélération, puis liquéfié dans les intervalles où sa vitesse était constante. Ainsi il n'était plus besoin d'utiliser de siège, comme dans un cockpit d'avion. Pendant le millième de seconde où la force accélératrice était appliquée, les pilotes se trouvaient enserrés étroitement comme des fossiles dans de la roche. Pendant le ou les millièmes de seconde suivants le mouvement redevenait possible, et ainsi de suite. Selon l'auteur du document, ce dispositif donnait simplement une viscosité apparente un peu plus forte. Au lieu d'avoir l'impression d'évoluer dans de l'eau, les pilotes devaient avoir la sensation, pendant ces phases d'accélération, d'être immergés dans une espèce de crème fouettée. Ce système permettait en outre d'encaisser des accélérations beaucoup plus fortes que celles que nous pouvions subir dans des avions ou des fusées. Si on excepte les gaz contenus dans les poumons et dans l'estomac, beaucoup d'organes du corps baignent dans un liquide dont la densité est proche de celle de l'eau. L'organe le plus fragile du corps, le cerveau, flotte carrément dans le liquide céphalo-rachidien. C'est pour cela que les boxeurs ne se retrouvent pas K-O à chaque coup reçu [1]. Plonger l'ensemble du corps humain dans un milieu fluide est une solution optimale pour redistribuer les efforts, que je n'ai jamais vue citée quelque part, et *a fortiori* expérimentée, sans doute à cause du poids considérable lié à l'emport de cette masse fluide. Il serait intéressant de voir à combien de « g » pourrait résister un poisson, possédant une vessie nata-

1. Le K-O classique est obtenu en boxe non par un choc frontal, mais par une rotation rapide de la tête. Ayant sa propre inertie, le cerveau n'est pas plus capable que tout autre objet de subir de fortes accélérations angulaires. Quand le coup est porté à la pointe du menton, latéralement, à travers ce qu'on appelle un crochet, il tend à provoquer une rotation rapide de la boîte crânienne. Dans ce cas le traumatisme de l'encéphale est maximal et entraîne la perte de conscience. Si les éléments assurant le contact entre le cerveau et le reste du corps sont gravement lésés, ceci peut entraîner la mort.

toire, ou un poulpe, s'ils se trouvaient accélérés dans leur milieu naturel : l'eau.

L'habitacle de la nef était donc contenu à l'intérieur d'une coque creuse, évoquant la forme de deux assiettes accolées. Lorsque la machine était au sol ou en phase de croisière spatiale, ce toroïde était rendu solidaire de cette coque. Pendant les phases d'accélération, il était suspendu magnétiquement. Là encore la solution était élégante. La paroi externe du toroïde était faite d'un matériau supraconducteur. Comme l'engin créait apparemment un champ magnétique assez intense, de plusieurs dizaines de teslas, ce champ ne pouvait pénétrer à l'intérieur de cette enveloppe que celui-ci soit d'ailleurs constant ou variable. C'est une propriété bien connue des supraconducteurs. Cette formule avait plusieurs avantages. Le premier était de protéger les passagers des effets physiologiques d'un tel champ magnétique variable. Le second était de contrôler au mieux les accélérations subies effectivement par les passagers, en adaptant le programme d'application de ces trains d'accélération aux impératifs biologiques.

Je trouvais l'ensemble de la solution intéressant. À ce stade, on pouvait considérer ce texte comme de la bonne science-fiction, écrite par des gens qui avaient une solide culture scientifique et technique. Je pourrais évoquer également la réfrigération de la paroi externe par sudation de lithium, la conception des systèmes de contrôles basée sur le recours à de multiples canaux informatifs, les systèmes pariétaux de contrôle et d'analyse du milieu ambiant, mais je tiens à éviter d'assommer le lecteur non spécialiste sous une masse de considérations techniques pour lui invérifiables.

Après quelques semaines passées à examiner ce document, j'étais toujours aussi intrigué. Qui diable avait pu composer un tel texte, et dans quel but? Pourquoi avait-il été adressé à des gens qui, dans leur grande majorité et d'après ce que j'avais pu apprendre, n'avaient pas de réelle culture scientifique et n'étaient donc pas aptes à l'exploiter? Cela semblait n'avoir aucun sens.

Désireux d'en savoir plus, Maurice et moi nous rendîmes à Toulouse pour rencontrer Claude Poher au CNES. Celui-ci ne fit guère de difficulté pour nous céder la copie de l'ensemble de la documentation qu'il avait collectée à travers ses contacts espagnols. La masse de documents auxquels nous eûmes accès se monta alors à plusieurs centaines de pages. Pour la compléter, je fis plusieurs voyages en Espagne. Nous découvrîmes un réseau de contactés, plus ou moins accueillants, plus ou moins communicatifs. Parmi eux, Antonio Ribera était le plus généreux en copies diverses. Il s'agissait d'une attitude délibérée. Cet homme fier avait vite refusé la manipulation dont il estimait être l'objet. Les autres se montraient dociles et obéissaient, plus ou moins, aux consignes de discrétion données par les auteurs des mystérieux documents. Ceux-ci n'exprimaient aucun ordre strict mais se contentaient de dire que si les récipiendaires ne suivaient pas leurs volontés, ils seraient tout simplement privés de nouveaux rapports. Ainsi notre ami Antonio, considéré par les Ummites comme une véritable passoire, fut-il privé des précieuses lettres assez rapidement.

Le rapport sur les premiers jours sur Terre

Ribera avait envoyé à Claude Poher des indications concernant un lieu particulier, à trouver dans la région de Digne. Les Ummites avaient décrit leur arrivée sur la planète Terre dans un rapport en expliquant qu'elle s'était effectuée le 28 mars 1950 près de la montagne du Cheval-Blanc. Selon ce texte, ils auraient aménagé un refuge souterrain où ils auraient vécu deux ans. Ils précisaient que, depuis l'entrée de ce refuge, il leur était possible de voir un certain nombre de points de la région de Digne, dont la cathédrale. Ce point serait situé à 13 kilomètres de Digne et à 8 kilomètres d'une localité appelée La Javie. Ribera demanda à Poher d'aller effectuer une enquête sur les lieux. Celui-ci prit un compas et vit que les deux cercles, centrés respectivement sur Digne et La Javie, se coupaient en deux points.

Il se rendit donc sur les lieux et effectua des recherches avec le concours de la gendarmerie. L'un des points ne pouvait convenir car il était, de là-bas, impossible d'apercevoir la ville de Digne. Le second était situé près du col de la Cine. Ces recherches ne donnèrent pas grand-chose. Les gendarmes indiquèrent à Poher une grotte de peu d'intérêt, située au voisinage du col et celui-ci s'en retourna à Toulouse, convaincu d'avoir fait le tour de la question.

Maurice s'y prit autrement et obtint du curé de Digne l'autorisation de monter en haut de la cathédrale qui est au centre de la ville. De son perchoir il examina les environs mais n'aperçut rien qui pût convenir. La fameuse montagne du Cheval-Blanc n'était pas visible depuis ce point d'observation. Je fis, à la même époque, une mémorable expédition avec le mathématicien Bernard Morin, sa femme Cécile et un de leurs fils. Bernard Morin habitait alors Strasbourg et je lui avais écrit : « Tu verras, aux prochaines vacances, nous allons travailler sur de la science extra-terrestre. »

Ce projet l'avait beaucoup amusé. L'été venu, il m'accueillit avec fébrilité :

– Qu'est-ce qu'il faut que j'emmène ? Ma brosse à dents et mon pyjama ?

– Non, Bernard, nous n'en sommes pas encore à faire un tour en soucoupe volante. Il s'agit simplement d'essayer de localiser un refuge d'extra-terrestres.

– Ah, dans ce cas c'est différent.

Nous nous amusions énormément. Cécile composait des chansons avec les phonèmes empruntés aux documents. Bernard souriait avec une condescendance amusée. Assez rapidement, nous décidâmes de monter à Digne. Je ne me souviens pas de cette première approche de la montagne du Cheval-Blanc, sauf qu'il se mit à pleuvoir à verse. La route se transforma en fondrière. Je dus sortir pour désembourber notre voiture. Alors que je tirais comme un âne sur le pare-chocs arrière mes pieds s'enfoncèrent dans la boue jusqu'à mi-mollet. Je pus réussir à récupérer mes pieds, mais non mes chaussures qui restèrent sur place.

Les choses changèrent quand je fis la connaissance de Jean-Jacques, qui travaillait comme éducateur au centre de la DASS de Digne. Un jour il se présenta à mon domicile d'Aix :

– J'ai fait un certain nombre d'enquêtes sur des observations d'ovnis. J'ai entendu dire que cela pouvait vous intéresser et je suis venu vous proposer ma collaboration.

C'était providentiel car il habitait Digne. Les bas-Alpins sont des gens peu bavards de nature. Il suffit de se souvenir de la célèbre affaire Dominici. Si nous voulions savoir quoi que ce soit sur d'éventuels événements qui étaient censés s'être produits dans la région dans les années cinquante, il était exclu d'y parvenir en étant étrangers à la région. Nous nous en étions vite aperçus en rendant visite aux sympathiques gendarmes de La Javie. Eux non plus n'étaient pas du coin et nous confièrent les difficultés qu'ils rencontraient pour mener la moindre enquête :

– Rendez-vous compte. Il y a eu un crime dans un village voisin. Un homme a été étendu raide mort d'un coup de fusil, en plein jour. Nous avons interrogé tous les voisins. L'un était à la cave et tirait du vin, l'autre étendait son linge dans l'arrière-cour, le troisième avait soudain trouvé un motif important de se rendre dans son grenier. Bref, comme par hasard, tout le monde était dans sa maison mais n'avait rien vu et rien entendu.

Cela ne nous encourageait pas à mener une enquête auprès de la population. Avec Jean-Jacques nous augmentions nos atouts. Il y eut un certain nombre d'expéditions au sommet du Cheval-Blanc. C'était excellent pour la santé mais il était visible que nous tournions en rond. Peut-être ce point n'existait-il pas, après tout?

En examinant ensemble la lettre que Ribera avait écrite à Poher, nous eûmes la même réaction et décidâmes de tenter de remonter vers le document original. Nous nous rendîmes dans le petit village de San Feliù de Codinas, où habitait Ribera, nous liâmes d'amitié avec lui et réussîmes à le convaincre de nous laisser photocopier le texte entier, qui était évidemment beaucoup plus riche et précis que la transcription qu'il avait fournie à Poher. Jean-Jacques, qui parlait et lisait l'espagnol couramment, en fit la traduction et nous nous remîmes au travail.

Le rapport des Ummites consacré à leurs premiers jours sur Terre comporte 50 pages. Nous n'en reproduisons que des extraits, tels qu'ils avaient été traduits par Jean-Jacques.

« Le 28 mars 1950 à 4 heures 16 minutes 42 secondes GMT trois de nos nefs apparurent subitement en un point situé à 7,338 km au-dessus d'un endroit situé à 13 km de la ville de Digne et à 8 km de la localité de La Javie, dans le département des Basses-Alpes. Les trois vaisseaux descendirent rapidement et touchèrent le sol à 4 heures 17 minutes GMT. Les pieds extensibles s'enfoncèrent à peine dans le terrain rocailleux d'un contrefort alpin, non loin de ce que nous avons identifié par la suite comme le pic du Cheval-Blanc, haut de 2 323 m au-dessus du niveau moyen de la mer et non loin du petit cours fluvial de " la Bléone "... une grande nébulosité empêchait à cette heure nocturne une vision directe des alentours. Les images obtenues dans la gamme des 740 millimicrons permirent néanmoins de visualiser les alentours. Des plantes d'une morphologie étrange poussaient dans les environs. La morphologie érodée du terrain permettait de reconnaître quelques accidents accusés, comme le lit de la rivière citée... L'une des nefs se tenait à une altitude de 30 centimètres, prête à intervenir en cas d'attaque. Néanmoins l'endroit paraissait désertique. Furent recueillis au sol quelques insectes et arrachées quelques espèces végétales identifiées

par la suite comme des Erica carnea et des Valeriana celta... il était nécessaire de commencer les travaux d'une construction souterraine d'urgence... On travailla la nuit jusqu'à 7 heures. Peu avant l'aube, nos nefs se déplacèrent dans un petit bois d'étranges arbres à feuilles filamenteuses identifiés après sous le nom de Pinus montana. La galerie ouverte dans le sol avait une longueur de 4 mètres, à une profondeur de 8 mètres et était étayée avec des cintres extensibles modulaires faits d'un alliage de magnésium... Le nouveau jour réserva aux expéditionnaires un beau et nouveau spectacle. Le ciel était plus indigo que sur Ummo... L'origine des lumières aperçues le matin fut rapidement éclaircie. Elles correspondaient aux petites localités de Digne et de La Javie. La forme anarchique des étranges constructions attira notre attention. Dans Digne apparaissait, dominante, une étrange tour, que nous sûmes bientôt correspondre à une vieille cathédrale romane. Les instruments optiques de fort grossissement révélèrent les images des premiers êtres terrestres. On ne notait aucune activité exceptionnelle ni de nervosité parmi ces personnes qui ignoraient de toute évidence notre présence... Le 29 mars, à 11 heures du matin les nefs repartirent, laissant sur le sol terrestre six expéditionnaires, quatre hommes et deux femmes... Ce même jour, deux de nos frères reçurent l'ordre de réaliser une première exploration à une certaine distance de la galerie pendant que les autres poursuivaient les travaux dans celle-ci. L'entrée de la galerie se trouve dans l'un des contreforts montagneux de la région, pas très loin du pic du Cheval-Blanc. De là-bas on domine toute la vallée dans laquelle coule la rivière Bléone. Avec de bons instruments d'optique on voit les édifices de Digne, sa vieille cathédrale et même fragmentairement on peut apercevoir le Bès et quelques tronçons du chemin de fer. On peut également observer parfaitement le hameau de La Javie et quelques constructions humbles des environs. Comme information intéressante nous vous dirons que l'historique galerie existe encore, renfermant à l'intérieur une partie de l'équipement scientifique d'origine qu'amenèrent nos frères. Son accès est parfaitement camouflé. Le jour, peut-être pas très lointain, où nous nous présenterons officiellement aux Organes gouvernementaux de cette planète, nous offrirons ces installations au gouvernement français, en remerciement symbolique de notre civilisation à celle des Terriens [1]. »

De l'entrée de ce refuge, donc, si ce point existait, on devait nécessairement voir :

– Digne et sa vieille cathédrale romane.

– Des portions du chemin de fer.

– La rivière Bléone, qui coule aux portes de Digne.

– Fragmentairement le Bès, un confluent de la rivière Bléone.

– La Javie.

Digne possède deux cathédrales, dont une est d'époque romane. Nous partîmes de ce point d'où l'on apercevait, semble-t-il, le massif du Cheval-Blanc. J'adorais cette région et le simple fait d'aller nous promener dans ces contreforts était un plaisir en soi. Cette recherche de refuge d'extra-terrestres était plus un prétexte à pique-nique qu'autre chose. Jamais je n'ai autant marché de ma vie. Cette première phase s'accompagna d'un certain nombre d'escalades du Cheval-Blanc, dont le sommet

1. L'ensemble du document est extrêmement savoureux. Mais nous nous concentrons ici sur ce qui a pu donner lieu à des enquêtes ou à des réflexions scientifiques fécondes.

culmine quand même à 2 323 mètres. Il y a des pierriers interminables à gravir, mais nous faisions tout cela avec entrain, en nous restaurant à mi-pente. Arrivés sur la crête nous tentions de nous repérer en installant une lorgnette et en cherchant à apercevoir les points clefs en contrebas. Où que nous allions, rien ne semblait correspondre. La lettre précisait que les expéditionnaires avaient découvert des mouches en foulant le sol terrestre. Or, les mouches ne montent pas à de telles altitudes au printemps. Que fallait-il penser? Nous étions perplexes.

Un jour, au domicile de Jean-Jacques et au retour d'une de ces expéditions, j'eus une idée :

– Dis-moi, tu as traduit *romana* par romane (rectifié dans le texte cité plus haut). Est-ce correct?

– Ma foi, il me semble, mais nous allons vérifier dans le dictionnaire.

Ce qui fut fait. En espagnol romane se dit *romanica* et non *romana*. Jean-Jacques avait fait une faute de traduction. Le texte disait donc que « de l'entrée du refuge on pouvait voir Digne et sa vieille cathédrale *romaine* ». Il s'agissait donc de l'édifice qui se trouve en plein centre-ville et qui est plus récent que la cathédrale romane Notre-Dame du Bourg qui se trouve à la sortie de la ville. Ceux qui connaissent la ville de Digne savent qu'elle est bordée de collines assez hautes, dans la direction nord-nord-est. Ce sont ces collines que notre ami Maurice avait aperçues quelques années plus tôt du haut de cet édifice et qui lui avaient semblé limiter totalement son champ de vision.

– Hum, c'est la fin de notre recherche, déclara Jean-Jacques. Il nous faudra nous inventer d'autres raisons pour nos excursions.

Nous effectuâmes une nouvelle démarche auprès du curé de la ville pour monter dans son clocher, mais essuyâmes un refus. Le brave homme ne comprenait absolument pas pourquoi tant de gens s'intéressaient subitement à sa cathédrale. Je ne sais pas ce que lui avait raconté Maurice. Il faut croire que notre prétexte lui sembla peu crédible car il nous ferma la porte au nez. Comme nous ne pouvions savoir ce qui pouvait ou non être visible du haut de ce fichu clocher, j'effectuai sans trop y croire, en m'aidant d'un ordinateur, de nombreuses coupes des collines avoisinant la ville à partir des cartes d'état-major. J'espérais découvrir si une perspective avait pu nous échapper. Après de nombreuses heures de travail, il me sembla que la crête de la Blache devait être visible depuis le sommet de cette cathédrale. Du moins c'était ce que mes calculs indiquaient.

– Mais, objecta Jean-Jacques, ce point n'est alors plus aux distances indiquées, vis-à-vis de Digne et de La Javie. À moins que...

– À quoi penses-tu?

– Consultons le texte. Ces distances ne correspondent pas au point d'atterrissage mais au point où la nef aurait fait son apparition dans l'espace physique, ce qui est *a priori* tout à fait différent. Or, il est indiqué un peu plus loin que ce point était situé à une altitude de 7 000 mètres.

Nous avions l'impression de vivre un roman de Jules Verne. C'était *Voyage au centre de la Terre* ou *De la Terre à la Lune*. Je traçai un nouveau plan dans l'axe Digne-La Javie, reportai leurs altitudes respectives par rapport au niveau de la mer. Les deux cercles centrés sur ces localités et ayant des rayons de 8 et 13 kilomètres se coupaient alors en un point situé à une altitude de

7 000 mètres. Les choses se remettaient à tourner convenablement.

– C'est très simple, dit Jean-Jacques. Nous monterons demain sur la crête de la Blache et nous verrons bien si, depuis ce promontoire, on peut apercevoir les repères indiqués sur les documents.

Le lieu était déjà plus logique pour implanter un refuge. Avec de bons instruments d'optique et par temps clair on pouvait voir les environs en demeurant à couvert, l'endroit étant boisé. Ce n'était pas le cas pour la crête du Cheval-Blanc. L'accès était infiniment plus aisé que cette fichue arête sommitale que nous avions escaladée je ne sais combien de fois. Là-haut, il y avait des *Valeriana celta* et des *Erica carnea,* ainsi que des mouches au mois de mars. Restait à savoir si la cathédrale était visible.

L'excursion fut une fois de plus enchanteresse. Tout était magnifique, les arbres, les sentiers, le panorama, les odeurs. Quand nous parvînmes sur la crête, la cathédrale était effectivement visible, dans le lointain, à la manière de la mire d'un fusil. Elle se situait exactement dans l'échancrure formée par les deux collines voisines, ce qui confirmait le calcul que j'avais effectué par ordinateur. Dans l'arrière-plan, on pouvait voir la vieille ville. Au-delà nous distinguions très bien le chemin de fer. Vers l'ouest, nous pouvions apercevoir le village de La Javie. Enfin vers le sud le confluent de la Bléone et du Bès apparaissait. Tout collait exactement et nous conduisait sur une aire relativement restreinte.

– Alors, dit Jean-Jacques, que fait-on maintenant? On creuse?

– Sur une surface pareille, que veux-tu faire? Il faudrait faire une recherche sismographique, pour le moins, pour découvrir une cavité. Si cavité il y a.

– Eh bien, je ne sais pas qui sont ces gens, mais ils nous ont bien fait courir.

– Écoute, ne te plains pas, c'est excellent pour les artères.

Il restait une chose : ceux qui avaient inventé ce jeu de piste connaissaient fort bien leur affaire. Il existait effectivement un point d'où on pouvait apercevoir les repères figurant sur le document reçu par les Espagnols, et ce point était bien le seul de toute la région. Cela nous en étions absolument sûrs, puisque nous avions essayé tous les autres.

Aiguillonné par ce premier succès, Jean-Jacques se mit à sillonner la région chaque week-end, allant de village en village et posant insidieusement des questions aux habitants. Son véhicule, immatriculé dans les Alpes-de-Haute-Provence, supprimait toute méfiance. D'ailleurs, beaucoup de gens le connaissaient, sinon de vue du moins de réputation, étant donné les fonctions qu'il occupait dans son établissement d'aide sociale.

Dans le rapport ummite intitulé « Premiers jours sur Terre » se trouvait, entre autres, un passage évoquant un raid effectué, de nuit, sur une ferme isolée des environs. Le voici :

« La nuit du 24 avril 1950 quatre de nos frères pénétrèrent dans une maison isolée en pleine campagne. Auparavant l'endroit avait été reconnu par nos UULEWUA (sphères détectrices capables de se déplacer à une altitude quelconque). À 3 heures du matin, le 25, les ouvriers, qui dormaient dans un appartement, un couple, propriétaire de la maison, et leurs trois enfants furent anesthésiés en plein sommeil. Nous dérobâmes sur les lieux soixante-dix

mille francs, des vêtements, des pièces d'identité à partir desquelles nous fîmes des fausses, deux stylos à bille, un hygromètre représentant une religieuse, des clefs, des timbres-poste, un paquet de lettres et des factures payées se rapportant à un tracteur, plusieurs journaux déjà anciens, des livres spécialisés dans l'élevage du bétail, un texte expliquant les phases d'une moisson ainsi que la notice du tracteur. Nous prîmes également une encyclopédie enfantine, un rouleau de papier hygiénique, un peu de désinfectant pour les plaies, un réveille-matin, deux ampoules électriques, que vous, en Espagne, appelez bombillas *et un morceau de savon. Nous arrachâmes un interrupteur et le compteur électrique. Nous prîmes de plus quelques pièces détachées du tracteur, des tubes de médicaments sous forme de dragées, un cartable avec les devoirs scolaires, six paires de chaussures d'hommes et deux de femmes (tout ce qu'il y avait), le poste de radio, une bouteille de jus de citron, deux pommes de terre, un calendrier mural et un quinquet* [1].

... Sur un gravat dormaient deux Terriens sous l'effet du gaz anesthésique. Bien que sachant déjà que sur Terre les femmes se laissaient pousser les cheveux nos frères ne purent déterminer leur sexe respectif. On leur retira leurs vêtements en en prenant un petit morceau. Les deux corps furent partiellement dénudés et on préleva de la sueur des aisselles et du bas-ventre. On préleva aussi des échantillons de poils venant de la tête, des bras, du pubis et des jambes, des échantillons de mucosité nasale, des poils et des sécrétions de la vulve. En plus

1. Du nom du fabricant : lampe à huile à double courant d'air et dont le réservoir est plus haut que la mèche (Larousse).

des objets emportés, des fragments de meubles, d'ustensiles, de carrelage et de parement furent prélevés et répertoriés en fonction des images stéréoscopiques que nous avions prises. Il ne fut possible de prélever de la salive sur aucun Terrien. Dans une veste emportée on trouva de plus un briquet et des cigarettes. En même temps nous pûmes prélever des fragments sur des vaches présentes dans un enclos et nous dûmes anesthésier deux chiens qui commençaient à hurler.

Aussi étrange que cela puisse paraître, nous constatâmes avec regret que, malgré le grand nombre d'échantillons et d'objets que nous avions en notre possession, si l'analyse effectuée nous renseigna exactement sur leur composition chimique, il n'en fut pas de même quant à leur fonction ou utilité. Par exemple, il nous fut impossible de déterminer l'usage du morceau de savon. Toutes les méthodes employées pour découvrir l'utilité du quinquet se soldèrent par un échec.

À part cela, il fut merveilleux de trouver que le moteur du compteur fonctionnait en courant alternatif et de voir comment les indications portées sur le cadran frontal étaient liées à l'énergie. Mais il nous fut impossible de déterminer si cet appareil servait à mesurer le temps, ou une autre grandeur périodique quelconque. La fonction d'un vieux réveille-matin nous intrigua quelque temps. Dans un premier temps nous avions craint que cet appareil, s'il était constitué d'un émetteur, ne nous fasse découvrir. Mais ses caractéristiques purement mécaniques furent rapidement découvertes.

Pour prélever un fragment de filament nous perçâmes prudemment le verre des ampoules électriques, ce qui fut une erreur et retarda beaucoup notre connaissance de l'uti-

lité de celles-ci. Les filaments s'oxydèrent rapidement et fondirent lorsque nous les soumîmes à des tensions croissantes. Les cigarettes furent identifiées grâce à des photos d'homme prises antérieurement. Nous crûmes qu'il s'agissait d'un dispositif émetteur d'un gaz permettant aux Terriens de respirer plus facilement. Nos frères furent assez déconfits de ne pas trouver à l'intérieur les mécanismes compliqués auxquels ils s'attendaient. L'énigme n'en fut que plus forte. Mais il ne fit aucun doute que l'importance de l'argent, des billets de banque, des vêtements et des chaussures dépassait largement celle des autres objets. Nous comprenons très bien que ces vols pratiqués sur cette paisible famille française puissent soulever chez vous l'indignation, bien que cette famille ait été largement indemnisée par la suite, en 1952. »

Poher avait, en son temps, été mis au courant par Ribera de l'existence de cette ferme et l'avait également recherchée. Il l'avait identifiée à la bergerie du Défend, au nord-est du col de la Cine. Notre contre-enquête avait montré que ce point ne pouvait convenir. Jean-Jacques cherchait donc, un peu au hasard. Un jour un de ses amis était assis sur le siège d'un coiffeur.

– Alors, avait-il demandé, y a-t-il des histoires d'ovnis dans la région?

– Oh, rien de bien intéressant, répondit l'autre en maniant ses ciseaux. Des petites boules rouges, il y a quelques années, au-dessus d'une montagne. Des traces aussi, sur lesquelles les gendarmes avaient effectué une enquête de routine. Un peu comme partout dans la région. Il y a pourtant une histoire qui date d'il y a assez longtemps. Cela doit tourner, si mes souvenirs sont exacts, autour de 1950 et ce n'est pas une histoire d'ovni. Un jour, le père Violat était arrivé au village tout ému. Lui et les siens étaient pieds nus et pas contents du tout. Des voleurs avaient visité leur maison pendant la nuit et leur avaient volé toutes leurs chaussures ainsi qu'une liste invraisemblable d'objets, dont leur compteur électrique.

L'ami de Jean-Jacques haussa les sourcils et prêta l'oreille. La liste des objets dérobés, citée par le brave coiffeur, était pratiquement identique à celle que nous avions trouvée dans les documents. L'affaire avait mis le paysan dans un émoi bien compréhensible, pas seulement à cause de l'étrangeté de ces vols, mais aussi parce que la somme dérobée, 70 000 F, était assez importante pour l'époque.

La semaine suivante nous allâmes en reconnaissance du côté de la fameuse ferme. Cela cadrait assez bien. À travers la porte du garage on voyait même le tracteur évoqué dans le texte, sans doute hors d'usage depuis longtemps.

– Mais comment procéder? dit Jean-Jacques. Est-ce que tu nous vois nous pointant chez ce brave homme en lui disant tout de go : « Dites, mon brave, est-ce que vous n'auriez pas vécu quelque chose d'un peu étrange, trente ans plus tôt? » N'oublie pas que selon le texte il aurait été largement dédommagé plus tard de ces menus larcins. C'est un bas-Alpin et même en lui brûlant la plante des pieds, nous n'en sortirons jamais rien.

Ce point nous laissa perplexes. L'homme n'habitait sa ferme que pendant la belle saison. L'affaire citée dans les documents remontait à plus d'un quart de siècle et il avait pris sa retraite sans doute depuis longtemps. Pendant l'hiver il résidait dans une maison située à Lambesc, près d'Aix-en-Provence. Nous nous y rendîmes. Les balcons en fer forgé étaient décorés d'étoiles de métal. Nous tentâmes de l'apercevoir, en vain.

Dans l'année qui suivit, nous échafaudâmes un grand nombre de plans dans le but d'approcher intelligemment cet homme, mais aucun ne nous parut convaincant. Lorsque nous nous décidâmes finalement, il venait de décéder et avait emporté son secret dans la tombe, s'il avait réellement vécu tout cela.

Ici se termine l'évocation de cette partie de l'enquête effectuée dans la région de Digne. Si un lecteur curieux a envie d'aller se rendre compte par lui-même, il pourra le faire sans difficulté, la crête de la Blache étant assez facile d'accès, quand on monte par le village de La Javie. C'est, de toute façon, une jolie promenade. Existe-t-il là-haut une grotte qui aurait pu servir de refuge à des expéditionnaires extra-terrestres pendant deux années? Ma foi, nous n'en savons rien. Les Ummites précisent, dans d'autres textes, qu'ils avaient recherché un lieu semi-sauvage, assez à l'écart pour ne pas être découvert, mais situé à proximité d'une ville suffisamment importante pour qu'il y ait quelque chose d'intéressant à observer. En survolant ces lieux, ils avaient, disaient-ils, repéré une cavité naturelle se situant à quelques mètres sous terre en effectuant une sorte de scanner du sol d'un contrefort du Cheval-Blanc. Leur méthode d'exploration souterraine est décrite avec précision dans d'autres rapports. Ils déposent au sol, disent-ils, un objet ayant la taille et la forme d'un œuf à repriser. Celui-ci crée aussitôt un champ électromagnétique hyperfréquence intense qui a pour effet de faire fondre le sol et la roche environnante. L'œuf s'enfonce alors dans cette galerie ouverte par fusion, qui se referme derrière lui en se solidifiant de nouveau. En d'autres termes, il liquéfie son environnement et avance dans la roche fondue en créant autour de lui un champ de forces de Laplace, combinant un courant de décharge électrique et un puissant champ magnétique. Bref, il s'agit d'une propulsion MHD, magnétohydrodynamique. Quand l'objet est arrivé à bonne profondeur il émet, de nuit, lorsque la machine volante des expéditionnaires survole le sol à analyser, une puissante décharge de rayons. Ce signal est reçu et décrypté par l'ordinateur de bord qui fournit une cartographie complète, en trois dimensions, du sol avec sa composition locale, ses différentes strates et, le cas échéant, les cavités présentes. C'est en utilisant cette méthode que la grotte souterraine située dans la crête de la Blache aurait été découverte. Il aurait suffi de quelques heures à nos Ummites pour aménager les lieux, dans la nuit du 28 au 29 mars 1950, et y déposer six membres de l'équipage avant de repartir vers leur planète d'origine.

À part cette histoire de ferme, nous ne découvrîmes pas d'autre indice qui puisse être relié à cette affaire. Le texte faisait état d'un jeune berger nommé Pierre, qui avait onze ans en 1950, et avec qui les expéditionnaires disaient avoir été en contact, sans qu'il se doutât de leur « nationalité ». Jean-Jacques, malgré tous ses efforts, ne parvint pas à le localiser, s'il existait. D'autres lettres nous permirent de reconstituer la trajectoire de ces six membres. Après deux années passées dans la région à apprendre le langage et les coutumes locales, dans des situations parfois rocambolesques où ils faillirent maintes fois se faire repérer, après avoir appris à se fondre dans la population, ils avaient séjourné brièvement à Marseille, où nous ne pûmes retrouver leur trace, puis dans la ville espagnole d'Albacete, à partir de 1952. Comment cela était-il possible? Tout simplement parce que ces extraterrestres, à les en croire, possèdent une morphologie proche des humains. Dans leurs textes, ils disent que les lois de l'évolution sont assez contraignantes et que la forme humanoïde constitue une sorte de point de passage obligé pour toutes les formes de vie existant sur les millions de planètes peuplant les milliards de galaxies de l'univers. Les images véhiculées par la science-fiction étaient donc pour eux un sujet d'amusement et ils s'empressaient de préciser qu'il n'existait point dans le cosmos de civilisations avancées constituées d'invertébrés ou des monstres habituellement représentés par la science-fiction terrienne. Ceux-là se décrivaient comme relativement grands, possédant une pilosité claire et un aspect général qui pouvait s'apparenter au type nordique. Ils ne possédaient pas de glotte ni d'amygdales et leur corps portait une tache pigmentée heureusement pour eux habituellement recouverte par les vêtements. À moins de les surprendre dans une cabine de douche ou de leur examiner l'arrière-gorge, il n'y avait donc aucun moyen de les identifier extérieurement. Dans d'autres lettres nous apprîmes cependant, beaucoup plus tard, que les composants de leur sueur leur posaient quelques problèmes vis-à-vis des chiens, dont ils apprirent vite à tromper la vigilance à l'aide de parfums artificiels.

L'affaire de la main coupée

Deux Ummites arrivèrent donc en Espagne en 1952. Aucun document ne mentionne pourquoi ils ont choisi ce pays, de même que le Canada, l'Allemagne et l'Australie, pour une implantation durable. Ils disent que leur première idée avait été d'ouvrir une clinique vétérinaire, en se faisant passer pour des Suédois afin de justifier tout un lot d'expériences qu'ils comptaient effectuer sur des animaux. Un tel projet laisse supposer qu'ils avaient acquis une maîtrise suffisante de la phonation terrestre pour se permettre de passer au travers de contrôles de routine. En arrivant en Espagne, ils firent la connaissance d'une dame, doña Margarita, avec laquelle ils se lièrent d'amitié. Ils écrivirent dans un document qu'« ils l'avaient guérie d'un certain nombre de maux réels et d'autres imaginaires ». Bref, la dame en question avait accepté de leur louer un local et des chambres dans sa maison. Auprès d'elle, ils s'étaient fait passer pour des médecins se livrant à des expérimentations. Ils implantèrent ainsi, disent-ils, un laboratoire dans le sous-sol de la maison et y installèrent leur appareillage. Un jour, les choses se gâtèrent. La fille de doña Margarita, intriguée par ces activités, se procura la clef du local et y pénétra. Elle toucha aux différentes installations. Dans l'une de ces expériences, les Ummites disaient avoir implanté des souches virales importées de leur planète, dont ils avaient fait des cultures, pour voir comment elles se comportaient sur la planète Terre. Sur leur planète d'origine, ce virus était tout à fait bénin. Or, il provoqua chez la jeune fille une infection violente. Au contact de l'homme, ce virus extra-terrestre devenait extrêmement virulent et même carrément mortel, ce que ces gens n'avaient, disent-ils, absolument pas envisagé.

La situation empira rapidement. La jeune fille fut prise d'une forte fièvre. Sa main s'infecta, de même que l'un de ses yeux. Elle s'était vraisemblablement frotté l'œil avec la main qui avait été en contact avec le virus. Nos médecins « suédois », passablement affolés, avertirent la « direction de leur corps expéditionnaire », située, disent-ils, dans ce qui s'appelait à l'époque l'Allemagne de l'Ouest, en demandant des instructions. L'ensemble des expéditionnaires se mit à converger vers Albacete en prenant des risques importants d'être découverts. Sur place, les deux Ummites cherchèrent des traces du virus vagabond à l'aide de dispositifs spéciaux. Ils les trouvèrent et désinfectèrent les personnes ou les objets contaminés en faisant éclater les coques des virus. Le procédé utilisé ne permettait qu'une désinfection très superficielle. L'infection avait gagné les profondeurs de l'œil de la jeune femme et seule une opération chirurgicale aurait, à ce stade, pu la sauver.

Le groupe, étranger à la Terre, se trouva donc confronté à un choix : ou bien sauver la pauvre jeune femme en prenant le risque de voir toute leur implantation sur la planète Terre découverte, ou bien décider de ne pas intervenir. Ils choisirent la seconde option, sans aucun état d'âme, pour ne pas compromettre leur mission. Aucune autre solution ne fut envisagée, comme par exemple de l'enlever, de la soigner et de la sauver, puis de la remettre dans la nature après que les traces du passage des deux

« médecins suédois » eurent été soigneusement effacées. Ces gens avaient peut-être cru pouvoir continuer impunément leur commerce, tout en prodiguant réconfort à la mère de cette jeune fille dont ils avaient, indirectement, causé la mort. La fille de doña Margarita mourut le 19 janvier 1954. Le registre d'état civil d'Albacete qui fait mention du décès ce jour-là porte le numéro 88. Son corps fut transféré à la morgue locale. Il ne restait plus aux Ummites qu'à récupérer les pièces anatomiques contaminées. Ils pénétrèrent dans le local où était entreposé le corps et y prélevèrent les deux parties recelant le dangereux virus, c'est-à-dire la main et l'œil. Tout aurait pu bien se passer si un employé de la morgue ne s'était aperçu que le cercueil avait été ouvert. Il voulut en avoir le cœur net et découvrit la mutilation du corps. La police fut prévenue. Personne, à part doña Margarita, n'avait vu ces médecins « suédois » dont elle parlait et qui s'étaient évanouis apparemment dans la nature. Les policiers trouvèrent son témoignage suspect et inculpèrent la pauvre femme en lui attribuant les mutilations effectuées sur le corps de sa fille. L'affaire se termina finalement par un non-lieu mais doña Margarita en mourut rapidement de chagrin.

On trouve des traces de cette histoire dans la presse locale. On peut donc se dire, à ce stade, que les auteurs des documents auraient pu simplement exploiter un fait divers réel en l'habillant d'une histoire totalement fantastique et imaginaire. Nous disposons toutefois d'un élément supplémentaire qui ne manque pas de sel. Au cours d'un des voyages que nous avions effectués, Jean-Jacques et moi, à Barcelone pour rencontrer Rafael, celui-ci nous avait permis de photocopier un nouveau paquet de lettres portant le sceau de ce groupe d'Ummo. Nous nous étions rendus chez un photographe et, le soir, nous avions couché dans un hôtel. J'étais assez fatigué, mais Jean-Jacques ne put s'empêcher de parcourir les pages en question. Soudain il me réveilla :

– Regarde, c'est incroyable, un document était glissé dans ce paquet de feuilles, qui n'a rien à voir avec l'ensemble. Farriols avait dû l'oublier.

Il s'agissait d'une suite de rapports fournis à Rafael par un détective privé qu'il avait appointé pour qu'il se rende à Albacete et fasse, pour lui, une enquête sur le terrain. Rafael n'avait visiblement pas averti cet homme du but réel de sa mission. Au fil des pages nous pouvions suivre ses progrès dans cette affaire. Le détective confirmait tout d'abord le fait divers, la mort de la jeune fille, l'inculpation de doña Margarita et sa libération pour non-lieu quelque temps après. Il était également confirmé que le fiancé de la jeune fille était mort dans des conditions obscures, qui avaient été assimilées à un suicide. Il s'était, disait-on, jeté d'une fenêtre. La maison de doña Margarita, au moment de l'enquête effectuée par le détective, n'existait plus. Elle avait été rasée pour permettre la construction d'un bâtiment moderne. L'homme, envoyé par Farriols, avait interrogé les gens du voisinage qui se souvenaient très bien que l'opération de démolition avait mis au jour les restes d'un laboratoire, au sous-sol, qui contenait encore, dans des bacs, des restes d'animaux. Dans le rapport suivant, le détective s'étonnait du véritable grouillement de services secrets de différents pays qui avaient accompagné cette affaire. Enfin, dans son dernier rapport, il écrivait à Farriols qu'il avait recueilli des bruits qui lui semblaient tellement incroyables qu'il préférait les lui communiquer de vive voix.

Le lecteur comprendra qu'il ne s'agit pas pour nous de cautionner telle ou telle partie de l'histoire, tel contenu de ces documents de provenance mystérieuse, mais de rapprocher certains faits, de mettre en lumière certaines coïncidences.

Plusieurs années après, un nouveau rapport ummite donna des éléments supplémentaires concernant cette affaire d'Albacete. Selon ce texte, le fiancé de la jeune fille aurait pénétré, après le décès de celle-ci, dans le laboratoire clandestin des deux médecins « suédois » et se serait emparé d'un appareil qui s'y trouvait. Remarquant l'intérêt porté à cette histoire par les services secrets d'une puissance étrangère, il leur aurait proposé de leur vendre cet appareil et aurait été tout simplement assassiné, les agents l'ayant défenestré pour s'assurer définitivement de son silence.

Le déplacement des nefs ummites

J'avais tourné en tous sens le texte concernant les vaisseaux de l'espace qui avait été le premier à tomber entre mes mains. Il y était dit que les déplacements s'effectuaient à l'aide de ces engins de deux manières. Pour les voyages interstellaires, l'opération impliquait un changement de feuillet d'espace. Dans l'immédiat, ces phrases me semblaient peu exploitables. Le second mode de déplacement paraissait plus accessible à notre comprénension. Il était possible de relier ces informations à tout ce qui ressortait des témoignages liés au phénomène ovni. Les Ummites donnaient les valeurs des champs magnétiques créés par leurs engins à une distance précisée. En se basant sur celle-ci, il était donc possible de calculer l'intensité du champ au voisinage immédiat de l'engin. Étaient également décrits des ionisateurs pariétaux, qui semblaient couvrir toute la surface de l'engin. Ce système créait un véritable essaim de charges électriques autour de l'appareil, plus exactement des ions négatifs. Le système de propulsion se complétait de solénoïdes enserrant la machine. Il était dit, dans d'autres textes, que le mode de propulsion mettait en jeu ce qu'on appelle la magnétohydrodynamique, plus connue par son abrégé, la MHD. En fait tout ne figurait pas dans un document descriptif unique. Des éléments épars figuraient dans différents rapports. L'un d'eux évoquait des petits engins de la taille d'une balle de ping-pong ou d'un petit pois, qui se sustentaient explicitement en utilisant la MHD, en particulier en utilisant des champs magnétiques variables, couplés avec une modulation de l'état de l'ionisation de l'air autour de l'engin. J'avais pu, à cette époque, commencer à exploiter ces informations en leur donnant une forme réellement scientifique. Tout ceci a vite débouché sur des débuts d'expérimentation et de calculs. Ces modèles, directement inspirés par la lecture des textes Ummo, réalisaient « le contrôle de l'environnement gazeux ainsi que des gradients autour de l'appareil ». La luminosité observée autour des nefs, qu'elles proviennent de la planète Ummo ou d'une autre, correspondait bien à l'ionisation créée par les systèmes pariétaux assurant l'action sur l'air environnant.

En règle générale, la MHD était le secret des gadgets ummites, lorsqu'il s'agissait d'un simple déplacement dans notre univers physique. L'œuf à repriser s'enfonçant dans le sol procédait du même schéma général : pour rendre le milieu dans lequel il devait évoluer conducteur de l'électricité, au lieu d'ioniser l'air, il fondait la roche.

À ce stade il était impossible d'affirmer si les ovnis correspondaient ou non à quelque chose de réel, ni si les documents ummites émanaient de ressortissants d'une planète étrangère. Personne ne pouvait dire s'il y avait eu ou non une grotte aménagée dans la région de Digne, qui aurait servi d'abri à ces expéditionnaires pendant deux ans, bien que, dans les rapports, il soit précisé que « le matériel de la première expédition y était toujours entreposé et que ceci servirait de preuve à notre existence lorsque nous aurons décidé de révéler notre présence à vos gouvernants ». Quelqu'un, qui connaissait parfaitement la région, avait composé ce jeu de piste et nous l'avions patiemment suivie. Y avait-il ou non une grotte, c'était un autre problème.

Le travail de MHD était difficile mais fécond et, au fil des années, les résultats scientifiques, durement acquis, s'accumulèrent [1]. Le mot MHD, découvert dans l'un des rapports d'Espagne, avait immédiatement retenu mon attention et la première moisson était tombée dès 1976. Un an plus tard, j'allais trouver prise sur un second volet de ces textes, lié à la cosmologie.

1. Voir l'annexe scientifique de cet ouvrage.

Les univers jumeaux

Pour réussir à entrer dans les textes il ne fallait pas se concentrer sur tel ou tel rapport, mais lire l'ensemble sans *a priori*, ce qui était parfois exténuant. Je ne connais pas de littérature plus ampoulée, en spirale, agaçante. Je finis, avec du temps, par comprendre que tout ceci n'avait pour but que de disperser des informations clefs au milieu d'un discours faisant office de diluant. Dans un paquet de feuilles rapportées d'Espagne en 1976, je lus, dans des textes reçus par Sesma en 1962, une description de l'univers dont je n'avais jamais entendu parler. Il n'y aurait pas un univers, mais deux : deux feuillets gémellaires. Je cite le texte exact, extrait de l'ouvrage de Sesma :

« Il n'existe pas un seul cosmos (le nôtre) mais une infinité de paires de cosmos. La dualité existe aussi dans la genèse cosmologique. La différence de deux éléments A et B de chaque paire s'appuie sur le fait que les structures atomiques respectives diffèrent par le signe de la charge électrique (vous appelez cela incorrectement matière et antimatière). Ainsi notre cosmos jumeau existe, mais :

1) Dans ses atomes, l'enveloppe est constituée par des électrons positifs (positrons) maintenus en orbite autour du noyau par des anti-protons.

2) Les deux cosmos ne pourront jamais être en contact. Croire qu'ils peuvent se rencontrer n'a pas de sens, étant donné qu'il n'y a pas de relations dimensionnelles qui les séparent. (Cela n'a pas de sens de dire que tant d'années-

lumière les séparent ou que leur existence est simultanée dans le temps.)

3) Les deux cosmos possèdent la même masse[1] *et le même rayon correspondant à une hypersphère de courbure négative.*

4) Mais les deux univers jumeaux jouissent de singularités distinctes (exprimé autrement : dans notre cosmos jumeau il n'existe pas le même nombre de galaxies et celles qui y sont intégrées ne possèdent pas la même structure). Il n'existe donc pas un autre Ummo jumeau ni une autre Terre jumelle comme on pourrait l'imaginer. Cette dernière conclusion n'est pas hypothétique et nous en indiquerons plus loin la raison.

5) Les deux cosmos jumeaux furent créés simultanément, mais leurs flèches du temps ne doivent pas être considérées comme orientées dans le même sens. C'est-à-dire que c'est manquer de logique que d'exprimer que ce cosmos coexiste avec le nôtre dans le temps, ou bien qu'il existait avant, ou qu'il existera après. Il est seulement orthodoxe de dire simplement qu'il EXISTE, mais non pas " maintenant ", " après ", ou " avant ". Par contre, dans un intervalle d'évolution il sera parallèle ou égal au nôtre.

Nous pourrions raisonner de même pour les infinies paires de cosmos qui existent dans le pluricosmos. Nous pouvons observer que l'image du pluricosmos ne peut ressembler à un Univers (significatif de Cosmos); dans celui-ci les galaxies se déplacent comme des îles flottantes dans une immense mer. Seulement cette mer est une sphère aux multiples dimensions, dont on peut au moins parler des

1. Dans un autre document il est précisé que ces masses diffèrent par leur signe.

distances intergalactiques et des gaz qui emplissent les espaces intergalactiques. En revanche il est beaucoup plus difficile d'imaginer le WAAMWAAM (pluricosmos) puisque les paires des cosmos sont plongées dans le néant. Il est inutile d'imaginer qu'il existe des distances ou que ces distances sont nulles. Une telle image serait illusoire.

Notre cosmos jumeau exerce une influence sur le nôtre, bien que les deux ne soient pas liés par des relations d'espace-temps. C'est grâce à l'analyse de cette influence que nous avons pu déduire l'existence de cet autre univers. »

Tout cela était profondément intrigant. Comment la flèche du temps pouvait-elle s'inverser? Mais dans ce texte il manquait un ingrédient essentiel, que je trouvai dans un autre rapport intitulé « Autour du concept d'espace ». Celui-ci mentionnait que les deux feuillets d'univers devaient être *énantiomorphes*, c'est-à-dire en miroir. Cette information devait se révéler importante par la suite. Je publiai, grâce à l'académicien André Lichnérowicz, une note aux Comptes rendus de l'Académie des sciences de Paris, intitulée « Univers énantiomorphes à temps propres opposés ». Je croyais être le premier et le seul à avoir proposé un modèle de ce genre. Quelle ne fut pas ma surprise de découvrir un travail semblable dans l'œuvre d'Andreï Sakharov, publiée intégralement en 1984 aux éditions Anthropos.

L'abord de certaines facettes de cet énorme dossier Ummo m'interdit de suivre un fil conducteur purement chronologique. Dans ce cas particulier de la cosmologie, après cette première percée, l'hypothèse d'univers gémellaires resta en latence pendant sept ans, personne n'ayant réagi à ce travail. Il s'agit, il est vrai, de l'attitude la plus générale dans le monde des sciences, sauf pour ceux qui bénéficient de la synergie d'une puissante chapelle. Je laissai le dossier en jachère pendant des années. Je fus donc assez surpris de découvrir, dans l'ouvrage consacré aux travaux du prix Nobel, tout un développement axé sur une vision gémellaire de l'univers, doté de deux flèches du temps en opposition. Là encore, la préoccupation essentielle de Sakharov était de rendre compte de l'apparente absence d'antimatière dans notre univers. Cette antimatière était dans l'univers jumeau, comme indiqué dans le texte reçu en 1962 par Sesma, à Madrid. Sur ce point Sakharov m'avait devancé de dix ans puisque ses premières publications sur le sujet dataient de 1967. Je mourais d'envie de discuter avec cet homme, mais n'avais aucun moyen de le joindre. Je fis cependant le voyage à Moscou en 1987, pour un tout autre prétexte. À cette occasion j'essayai de le rencontrer en contactant l'Institut où il travaillait. Par une malchance remarquable, il avait décidé, à cette époque, harcelé par les journalistes et écrasé par sa participation à la perestroïka, de prendre un peu de repos. Non sans humour, il avait choisi de séjourner à Gorki, où il avait précisément été interné pendant de longues années.

– Je connais tout le monde, là-bas. Cela me sera plus facile, avait-il dit à ses collaborateurs en les quittant.

Je rencontrai cependant un des membres de son Institut, Linde, qui n'était pas alors aussi connu que maintenant. Concrètement, j'aurais souhaité pouvoir communiquer à Sakharov l'ingrédient supplémentaire qui aurait, à mon avis, démultiplié ses recherches, cette idée de relation d'énantiomorphie entre les deux feuillets d'univers.

– Mais Sakharov n'a jamais avancé cette idée! s'écria

Linde. C'est dommage que vous ne puissiez le rencontrer. Cela l'aurait sûrement beaucoup intéressé.

Linde se demandait certainement d'où je sortais. Je lui montrai mes deux articles sur la structure gémellaire parus à l'Académie des sciences et datant de sept ans. Je suppose que j'ai dû traverser la vie de cet homme comme une espèce de fantôme et qu'il a dû m'oublier dès qu'il eut franchi la porte de la chambre de l'hôtel. Peu après Sakharov mourut et je perdis toute chance de lui poser la question essentielle : avait-il eu ces idées seul ou avait-il exploité des informations, disons exotiques? C'est une question que je n'aurais jamais pu lui poser autrement que lors d'un face-à-face sans témoin.

Imaginer que Sakharov ait été impliqué dans une affaire de contact avec une civilisation extra-terrestre, même sous la forme d'une simple lettre, n'était-ce pas pousser le bouchon un peu loin, aller vite en besogne?

Quelque chose m'avait attiré dans l'ouvrage qui lui était consacré. Son discours de réception pour le prix Nobel de la paix, lu à Stockholm par Helena Bonner en 1975, était intégralement reproduit. On y trouve la phrase suivante :

« Nous ne pouvons interrompre la recherche spatiale interplanétaire et intergalactique, y compris les essais de détection de signaux provenant de civilisations autres que la Terre. Les chances pour que ces expériences soient couronnées de succès sont probablement faibles, mais ces résultats pourraient se révéler extrêmement importants. »

La fin de son discours était encore plus impressionnante :

« Il y a des milliers d'années, les tribus humaines souffraient de grandes privations dans leur lutte pour l'existence. Il était alors important, non seulement de manier une matraque, mais de posséder la capacité de penser intelligemment, de tenir compte du savoir et de l'expérience engrangés par la tribu et de développer des liens qui établiraient les bases d'une coopération avec d'autres tribus. Aujourd'hui la race humaine doit affronter une épreuve analogue. Plusieurs civilisations pourraient exister dans l'espace infini, parmi lesquelles des sociétés qui pourraient être plus sages et plus " performantes " que la nôtre. Je soutiens l'hypothèse cosmologique selon laquelle le développement de l'univers se répète un nombre infini de fois suivant des caractéristiques essentielles. D'autres civilisations, y compris certaines plus " performantes ", sont inscrites un nombre infini de fois sur les pages " suivantes " ou " précédentes " du Livre de l'Univers. »

Le discours complet faisait une quinzaine de pages. Dans un tel texte, Sakharov se devait de condenser dans ses derniers mots les idées les plus importantes. Que venait faire cette soudaine référence à un contact possible avec des extra-terrestres, qui n'a d'ailleurs été relevée par personne?

Sakharov aurait-il pu contribuer à la composition du fantastique dossier Ummo? Quand on lit ses *Mémoires* et que l'on parcourt sa vie et ses tribulations, on le voit mal participant à une chose qu'il aurait trouvée aussi ridicule. Par ailleurs, pourquoi aurait-il lancé cette idée féconde d'énantiomorphie, sans chercher à l'exploiter par lui-même?

En règle générale, les scientifiques sont peu enclins à participer à des farces aussi grotesques, à titiller, qui plus est pendant vingt-neuf ans, une poignée de gens incapables d'interpréter leurs écrits et des informations dont ils pourraient eux-mêmes tirer profit.

Toujours est-il que je ne me serais jamais engagé dans une telle direction de recherche si je n'avais pas lu ces textes ummites sur la cosmologie. Une idée aussi folle que d'inverser la flèche du temps ne m'aurait jamais traversé l'esprit. Sakharov disparu, ce thème est retombé dans l'oubli. Les grands couturiers de la physique théorique, comme les appelle le mathématicien Jean-Marie Souriau, tirent notre savoir vers d'autres directions, style supercordes ou univers inflatoire (théorie de Linde).

Sakharov avait-il lu les textes Ummo? Impossible de le savoir. Mais dans un rapport ummite, il est fait mention d'un groupe de scientifiques soviétiques à qui ils auraient communiqué une information et que l'un d'eux aurait mise en forme et publiée sous son nom.

Le premier contact

Il est exclu d'être exhaustif dans un dossier aussi volumineux que celui de l'affaire Ummo car il est plein de facettes diverses. Quittons un moment le secteur scientifique pour revenir à des aspects plus anecdotiques. Précisons d'abord qui est ce Sesma que nous avons cité plusieurs fois dans les pages précédentes. Historiquement, c'est le premier récipiendaire espagnol connu des rapports ummites. Ceux-ci lui parvinrent en abondance à partir de 1962. Bien des années plus tard, une lettre des Ummites explique comment et surtout pourquoi ce contact avait été établi. Sesma était un ésotériste distingué qui prétendait avoir de nombreux contacts avec des représentants d'autres planètes. Il avait même publié un livre intitulé *Moi, le confident des extra-terrestres.* Les Ummites, alors présents à Madrid, auraient lu cet ouvrage et au milieu de ce qu'ils jugeaient n'être qu'un fatras de fantasmes personnels et de divagations, auraient découvert une information que, logiquement, Sesma ne pouvait pas connaître. Il s'agissait d'une séquence codée qui évoquait une connaissance qui n'existait pas sur Terre.

Le lecteur peut se demander comment une telle chose peut être condensée en un seul nombre. Imaginons que nous soyons projetés dans un lieu où les gens vivraient, par exemple, au Moyen Âge. Utilisant la langue de l'endroit, nous composerions un texte disant : « Parmi les rayons qui tombent du ciel il en existe qui ont une importance particulière et qui sont définis par une longueur égale à celle de la ligne tracée ci-après. » Suivrait un segment mesurant exactement 21 centimètres. Ce texte serait absolument hermétique pour un habitant de cette planète, ou de cette époque, mais pour un scientifique contemporain il évoquerait immédiatement une longueur d'onde clef correspondant à l'émission de l'hydrogène. C'est celle-ci que l'on fait toujours figurer en priorité sur les plaquettes que nous lançons périodiquement hors du système solaire à destination d'éventuels extra-terrestres.

En découvrant cette séquence codée dans le livre de Sesma, les Ummites déterminèrent que la probabilité pour que celui-ci ait écrit cela simplement par hasard était quasi inexistante. Ils décidèrent donc de se mettre en contact avec lui et de remonter vers les visiteurs qui lui avaient communiqué cette information. Ce qui fut fait. Il s'agissait d'une autre ethnie, issue d'un autre système, qui était également en villégiature sur notre caillou et se livrait à quelques expériences de sociologie amusantes. Je ne fais que me référer aux explications données dans les rapports. À l'occasion, ils décidèrent donc de tenter une expérience en faisant parvenir à Sesma des textes par la poste, le plus simplement du monde. À ce sujet, les Ummites disent que les membres de l'expédition présents à l'époque sur la Terre avaient été partagés. Certains craignaient que ces textes, compris par certains Terriens scientifiquement cultivés, ne créent un véritable choc culturel et ne provoquent un véritable basculement de l'histoire scientifique terrienne. Cette inquiétude trahit une certaine méconnaissance des mécanismes psychologiques de l'humain. Ici-bas, le phénomène d'immunologie culturelle est tel que cette inquiétude reste et restera longtemps sans fondement. Je ne me fais d'ailleurs aucune illusion sur la portée de cet ouvrage comme du précédent. Ils finiront dans le rayon « ésotérisme », seront acquis par les amateurs d'étrange, et aucun scientifique ne s'y attardera, du moins je le pense. Il m'arrive souvent de songer que, si un escadron de soucoupes volantes survolait la place de la Concorde en pleine heure d'embouteillage, ce phénomène ne laisserait que quelques traces fugaces dans la presse et s'en irait vite dans les poubelles de l'oubli. L'homme ne voit peut-être exclusivement que ce qui correspond à sa culture.

Un ami m'avait raconté qu'un jour, des explorateurs avaient projeté à des Papous de Nouvelle-Guinée un film montrant la vie dans une agglomération de la côte. Le film fourmillait d'informations. On y voyait passer des automobiles, circuler des chevaux. Un interprète demanda à ces gens ce qu'ils avaient vu sur l'écran. La réponse fut simple : tous avaient vu une poule, qui était la seule créature qu'ils avaient pu identifier. Le reste n'avait été pour eux que des ombres dansant sur un écran blanc, vides de sens, ininterprétables.

Il y a une quinzaine d'années, je fis la connaissance d'une blonde ravissante. Médecin, elle est morte dans son hôpital de brousse en Afrique d'une hépatite. C'était quelqu'un de tout à fait extraordinaire. Un soir j'étais chez elle et j'évoquais une mode qui sévissait sur la côte Ouest américaine. Les gens s'y livraient à des « streakings », c'est-à-dire qu'ils se dévêtaient et traversaient gaiement les villes en trottant, nus comme des vers. Nous trouvâmes l'idée amusante et décidâmes de la mettre aussitôt en application, c'est-à-dire que nous gagnâmes mon domicile après avoir fourré tous nos vêtements dans un sac. Dès que nous nous engageâmes dans l'escalier, Marie-Dominique croisa un couple de voisins qui revenaient sans doute d'une soirée. Nous les saluâmes et ils nous rendirent notre salut sans surprise apparente. Notre confrontation ne dura qu'une ou deux secondes. Le fait que nous soyons nus dut sans doute leur sembler si *improbable* qu'ils rejetèrent cette idée et qu'ils la considérèrent sans doute comme une sorte d'hallucination. Notre course tranquille à travers la ville d'Aix-en-Provence, à cette heure tardive, nous fit croiser nombre de personnes, mais toutes eurent la même réaction : aucune. Je pense qu'ils n'en crurent pas leurs yeux.

On imagine les scientifiques comme des gens ouverts, toujours prêts à se pencher sur une idée nouvelle ou à débattre d'une question. C'est totalement faux. L'histoire des sciences suit un cours qui défie toute logique. Ce sont les historiens des sciences qui la reconstruisent après coup. Personne ne sait pourquoi certaines idées prennent comme des greffons et d'autres, non. L'idée d'éventuelles visites d'extra-terrestres, voire de contacts, est encore aujourd'hui totalement rejetée par la communauté scientifique internationale et traitée avec dérision dans la presse.

Sesma reçut une masse incroyable de documents, entre 1962 et 1967. Ils constituent 95 % de l'information scientifique disponible. Avec une placidité remarquable, Sesma mêla ses élucubrations personnelles à ces textes et lut l'ensemble, chaque semaine, dans son cercle ésotérique situé dans le café de la Ballena Alegre, c'est-à-dire de la Baleine Joyeuse. Nous disposons de nombreuses lettres ummites, adressées à Sesma, dans lesquelles ils l'adjurent de séparer leur prose du reste de ses productions afin de garder à cette expérience psychosociologique toute sa valeur. Apparemment sans grand succès. Sesma, aux dires de Farriols, perdit un nombre important de feuillets, ce qui fait que de nombreux rapports restent incomplets.

L'affaire fit néanmoins tache d'huile et les Ummites, ravis de l'intérêt qu'ils provoquaient, se mirent à adresser d'autres rapports aux habitués de la Baleine Joyeuse. Il est vrai qu'ils avaient fait une tentative infructueuse, plusieurs années auparavant, en adressant un rapport consacré à l'astronomie à un chercheur du Mont-Palomar afin de lui expliquer la cause des formes de certaines galaxies irrégulières. Ils les imputaient à l'action de l'univers jumeau sur le nôtre. Le destinataire avait lu cet envoi distraitement et l'avait flanqué séance tenante à la poubelle, ce qui avait consterné nos braves Ummites, décontenancés par un tel manque de curiosité scientifique.

Est-ce cette étanchéité de la communauté scientifique qui les orienta vers les allumés de tous poils, nul ne le sait. Une autre hypothèse ne manque pas d'intérêt. Étant donné que Sesma avait permis une rencontre entre deux groupes d'expéditionnaires issus de planètes différentes, on peut avancer que toute l'opération Ummo servirait de signal pour susciter des rencontres de ce genre. Ce serait une explication évidemment assez vexante pour nous.

L'atterrissage de San José de Valdeiras

Les séances rituelles de lecture de rapports à la Baleine Joyeuse duraient depuis quelques années lorsque Sesma reçut une lettre bien singulière, le 30 juin 1967. Pour mémoire cette lettre était, selon l'en-tête, adressée à quatre Anglais, deux Français, une Tchécoslovaque et un Italien. Les Ummites y annoncent l'arrivée imminente de trois nefs issues de leur chère planète. Citons un extrait de ce texte, reproduit *in extenso* dans l'ouvrage de Ribera :

« Nous calculons que la descente des vaisseaux provenant de Ummo se réalisera (en tenant compte de la marge d'erreur prévisible) entre le 30 mai 1967 à 21 heures 28 minutes GMT et le 3 juin 1967 à 23 heures 6 minutes GMT. Les intervalles d'arrivée des trois nefs ne dépasseraient pas 7 heures ± 20 minutes. »

Trois emplacements étaient cités. Le premier correspondait à la ville bolivienne d'Oruro, dans une aire ayant un diamètre moyen de 208 kilomètres. Le second se situait au Brésil, aux alentours de San Angelo. La troisième zone correspondait aux alentours de Madrid. Il s'agissait d'une aire circulaire faisant 46 kilomètres de rayon et centrée sur un point dont les coordonnées planétaires étaient :

Longitude : 3° 45′ 20,6″ W

Latitude : 40° 28′ 2,2″ N

Une lettre, qui parvint en Espagne bien des années plus tard, expliqua que cette opération visait à récupérer un personnage important, auteur des premiers rapports, ainsi qu'une de ses collaboratrices, pour les ramener au pays, après un séjour de plusieurs années sur notre sol. Les membres du club de la Baleine Joyeuse ayant été aussitôt informés par Sesma, ils décidèrent de cosigner un papier, dûment daté, où ils attestaient qu'ils avaient été effectivement prévenus de la venue de l'ovni. Rafael détient ce document et j'en possède une reproduction photographique. Puis ils allèrent se poster, munis d'appareils photographiques, dans le vaste périmètre près de Madrid.

Aucun ne fut témoin direct de l'atterrissage de la nef qui, selon plusieurs témoins, eut lieu le 1er juin 1967 près d'une HLM, dans une localité appelée San José de Valdeiras et laissa au sol les traces profondes de pieds escamotables servant à l'engin de train d'atterrissage. La nouvelle se propagea vite dans la presse espagnole. Rafael Farriols, qui roulait en voiture, l'entendit à la radio et décida d'aller sur les lieux. Il y trouva l'ingénieur Villagrasa, bardé d'appareils photographiques, qui était en proie à la plus vive émotion.

– Et dire que je le savais...

– Vous saviez quoi?

– Qu'ils allaient venir.

– Ils? Mais qui?

– *Los Ummitas...*

Farriols fut à la fois sidéré et prodigieusement intéressé par ce qu'il avait entendu. Il voulut en savoir plus et entra rapidement en contact avec le reste du groupe. Tous ces gens étaient bouleversés. Tant que ceci n'était resté qu'un jeu sans conséquence, ils s'étaient sentis à l'aise. Du fait même que cette affaire prenait une soudaine réalité, cela les inquiétait vivement. Ces lettres que tous recevaient étaient tapées à la machine. Il fallait bien que quelqu'un les écrive. Cette personne se manifesta en écrivant à plusieurs contactés :

– Je suis la personne qui tape les lettres. Au début je n'avais pas pris tout cela très au sérieux. Ces gens payaient bien et comme je n'avais pas de travail, je frappais les rapports sans chercher à comprendre et les expédiais aux personnes dont ils me fournissaient la liste. C'est donc moi qui ai tapé et envoyé la lettre annonçant la venue de la nef extra-terrestre. Depuis que ma femme et moi avons lu le compte rendu publié par les journaux, nous sommes inquiets...

La désinformation

L'affaire n'eut pas de suite. Le mécanographe fut sans doute tranquillisé et les envois reprirent, quoique avec plus de parcimonie. Dans les jours qui suivirent cette affaire, une personne se présenta dans un journal de Madrid et apporta des photographies qui avaient été prises, disait-elle, au moment de l'atterrissage. Ce n'était pas elle qui les avait prises, mais une autre personne qui n'avait pas voulu dire son nom et lui avait demandé de les porter au journal. Bref, personne ne sut jamais qui avait pris ces fichues photos. Elles furent publiées un peu partout dans le monde. L'objet était net, plein cadre. On pouvait voir distinctement le sigle associé à la planète Ummo qui figurait sur les lettres que recevaient les contactés. Un livre fut écrit sur cette fameuse histoire de Valdeiras, par Farriols et Ribera. Il est intitulé *Un cas parfait*.

Dix ans plus tard, en 1977, lorsque le GEPAN fut créé au CNES, Claude Poher se mit à analyser les principales photographies d'ovnis à l'aide d'un appareil nommé microphotomètre digitalisé. Les photos de Valdeiras furent traitées, les contrastes accrus, et ce travail révéla que ces objets n'étaient que des maquettes suspendues à des fils. Poher en conclut que toute l'affaire Ummo n'était qu'une vaste blague orchestrée par des scientifiques. Des années plus tard, les Ummites envoyèrent une lettre en disant qu'ils avaient tenu prêtes ces photographies, qu'ils avaient eux-mêmes prises et qui étaient évidemment truquées, dans le but de lancer une opération de désinformation au cas où cette affaire d'atterrissage risquait de prendre des proportions trop importantes. La manœuvre fonctionna, quoique avec dix années de retard. Si on s'en tient aux textes, on trouvera que ces opérations de désinformation, cette façon de souffler alternativement le froid et le chaud, avaient été annoncées dès les premiers envois où était clairement dit : « Nous nous réservons le droit de falsifier certaines informations ou de brouiller les cartes si nous estimons que cela devient nécessaire. »

Autre information liée à cette affaire de San José de Valdeiras : on retrouva dans le voisinage des petits tubes en acier inoxydable qui, une fois brisés, révélèrent contenir des lamelles faites d'une matière plastique grise, portant, en relief, le signe)+(présent sur tous les documents. Une analyse ultérieure montra que cette matière était du polyvinyle. Un détail qui aura de l'importance par la suite.

Où Rafael Farriols devient le personnage central de cette affaire de contact

Farriols était un homme d'affaires organisé, un riche industriel. Il voulut aller au plus vite au cœur de cette affaire. Il rencontra les différents contactés et entendit parler de ces fameux documents détenus par Sesma.

– Il ne voudrait pas s'en défaire pour tout l'or du monde, dirent en chœur les membres du groupe.

Rafael se rendit chez Sesma, prêt à signer un chèque conséquent. Il en avait les moyens. À sa grande surprise, Sesma lui sembla au contraire pressé de se débarrasser de ce dossier qui semblait lui brûler les mains. Il demanda, en échange, une somme dérisoire, lui permettant d'assurer les frais d'une minuscule plaquette d'une vingtaine de pages emplies de considérations ésotériques personnelles.

Sesma publia cependant un livre, parfaitement introuvable, intitulé *Ummo, autre planète habitée,* dont Ribera me confia un exemplaire et dont nous pûmes faire une photocopie. Ce document accrut d'autant les informations dont nous disposions et Jean-Jacques en fit aussitôt une traduction complète. Puis Sesma retourna à ses divagations ésotériques et mourut quelques années plus tard.

La planète Ummo

Le livre de Sesma recoupait des choses que nous savions déjà mais comportait de nombreuses informations sur la vie quotidienne sur cette fameuse planète. La gravité y était un peu plus forte, 11,9 g au lieu de 9,81. Les Ummites, s'ils étaient réellement extra-terrestres, devaient se sentir plus légers de 20 pour cent en foulant le sol de notre planète. Un calcul rapide montrait que ce chiffre était compatible avec la masse de la planète et son rayon, voisin de 7 000 kilomètres (au lieu de 6 400 pour la Terre). L'axe de rotation était incliné de 19 degrés, par rapport à l'écliptique (au lieu de 23 pour la Terre) ce qui devait donner des saisons, comme sur Terre, quoique un peu moins marquées. Le jour durait 32 heures au lieu de 24. La planète Ummo ne possédait pas de satellite comme notre Lune et ses nuits étaient donc très obscures. Elle tournait autour d'une étoile possédant une température superficielle plus basse que celle du Soleil : 4 500 degrés au lieu de 6 000, ce qui la plaçait dans la classe stellaire M. Un calcul facile montrait que, comme la planète était plus près de son soleil et que son atmosphère était d'une composition à peu près identique à celle de la nôtre, sa température superficielle devait avoir une valeur semblable. Et c'était apparemment le cas, avec un climat en moyenne légèrement plus froid. Un étudiant en géologie aurait pu inventer assez aisément une planète de ce genre. Mais Sesma, dans ses écrits personnels, décrivait des mondes qui n'avaient pas la même cohérence. Je me souviens d'un texte où il avait évoqué une planète possédant une masse égale à trente fois celle de la Terre et qui faisait un tour sur elle-même en une heure. Comme la gravité sur celle-ci était énorme, Sesma disait qu'elle n'était habitée que par... des papillons! Voilà l'exemple type de document farfelu aisément détecté par un scientifique. Une telle planète ne peut pas exister, tout simplement parce que la force centrifuge liée à une rotation aussi rapide, excédant la force de gravité, entraînerait son explosion. Était-ce une invention de Sesma ou quelque ânerie susurrée par les drôles qui s'amusaient périodiquement à le manipuler? Impossible à savoir.

Les Ummites précisaient que le Soleil n'avait pas d'emblée retenu leur attention, étant donné sa température superficielle relativement élevée. Ils continuaient en disant que la vie organisée, intelligente, se développait en général autour d'étoiles plus froides. Si cela est vrai, que dire de nos projets d'écoutes radioélectriques, dont la logique locale voudrait qu'ils fussent au contraire basés sur un pointage en direction d'étoiles semblables à la nôtre.

Une autre donnée attira mon attention. La planète Ummo n'avait pas subi le phénomène de dérive des continents. Autrement dit, son magma interne devait être peu actif, peu turbulent. On sait que ce sont ces mouvements subcrustaux qui provoquent, sur notre planète, la fragmentation et la lente dérive d'un continent initial monobloc, la pangée. Les Ummites précisaient que, sur les planètes dotées de vie organisée, ce phénomène de dérive des continents était très rare. La Terre constituait donc une exception.

Par contre, la planète Ummo était l'objet d'effusions de méthane « subcrustal », d'origine non biologique, dont l'inflammation provoquait en certaines régions des lueurs spectaculaires [1]. Les textes indiquaient également que la planète était l'objet d'une puissante activité magnétique correspondant à une intensité maximale de 512 gauss et qui s'accompagnait de phénomènes comparables à nos aurores boréales.

La description de l'organisation de la vie sur Ummo cadrait avec cette absence de dérive des continents et cette puissante magnétosphère protectrice. Il était dit dans les rapports que le nombre d'espèces était notablement inférieur à celui que nous connaissons. Les reliefs étaient peu accusés. « Si vous voulez avoir une idée des paysages ummites, disaient les textes, ils sont comparables à l'Irlande. » Donc point de montagnes, de plissement alpin ou himalayen, chez ces gens qui ont dû être fort surpris en survolant pour la première fois notre planète et en découvrant ses reliefs enneigés.

Le phénomène humain s'est développé sur Ummo de manière semblable à ce qui s'est produit sur Terre mais comme il n'existe nulle barrière naturelle dans cet énorme continent monobloc, les individus se sont mêlés entre eux et il n'y a sur Ummo qu'une race unique de grands blonds parlant une langue unique. Tout cela est la conséquence logique de cette absence de dérive des continents, de tectonique de plaques. La technologie a fait son apparition, quoique de manière assez différente au plan de l'énergie, et, ce qui semblait important, la tribu planétaire avait atteint l'unité politique bien plus tôt, c'est-à-dire à une époque où la technologie était bien moins

1. L'hypothèse de l'existence de méthane primitif dans les profondeurs de la Terre a fait l'objet de communications de la part des scientifiques depuis l'année 1976. À l'occasion de plusieurs phénomènes sismiques, son odeur caractéristique aurait été détectée.

développée. Le patchwork des différentes ethnies terrestres constituait, disaient-ils, l'essentiel de nos problèmes géopolitiques. Nous avions atteint un degré de développement technico-scientifique assez important, suffisamment pour impliquer un risque notable pour notre survie, à une époque où nos barrières culturelles et linguistiques créaient encore de stupides conflits entre nos différents groupes ethniques planétaires. Mais Ummo n'était pas une planète édénique et avait connu les mêmes tensions, les mêmes déchirements sanglants que la nôtre, mais à une époque où les êtres humains ne disposaient pas encore de l'arme thermonucléaire ou biochimique et ne pouvaient donc pas se faire grand mal. Le calme avait fini par s'instaurer, après bien des vicissitudes, bien des massacres sanglants, qui étaient sommairement décrits, et avaient fini par déboucher sur un système politique suffisamment stable et intelligent, avant que les armes de destruction massive ne soient apparues, du moins potentiellement. À tout prendre c'était de la bonne science-fiction.

Oyagaa

Dans le livre de Sesma les Ummites expliquaient également comment ils avaient découvert l'existence de la planète Terre, à quelque 15 années-lumière de chez eux. Une gigantesque antenne placée en orbite autour de chez eux avait, un jour, capté un message assez bref, d'une durée de 6 minutes, émanant de notre astre froid. Il s'agissait de langage morse, donc d'une suite d'impulsions, brèves ou longues. Les scientifiques d'Ummo se penchèrent fébrilement sur ce message et essayèrent de le décrypter à coups d'ordinateur, en vain. L'un d'eux émit l'hypothèse que les habitants de cette planète essayaient de transmettre un « théorème sur le carré ». Notre planète reçut donc provisoirement un nom de code : Oyagaa ou planète du carré. Le phonème gaa signifiant « astre froid ». Une expédition fut alors montée, et des nefs envoyées vers cette planète nouvellement découverte. Un voyage conventionnel, effectué à une vitesse subluminique dans notre « feuillet d'univers », eût été interminable. Les expéditionnaires profitèrent donc d'une configuration météocosmique momentanément favorable en empruntant un raccourci à travers le feuillet gémellaire d'espace-temps. Bénéficiant d'un trajet plus court et d'une valeur de la vitesse de la lumière plus élevée, nos expéditionnaires se retrouvèrent, au terme d'un voyage de six mois, au voisinage de notre système solaire. Après une inspection minutieuse de la Terre, depuis l'espace, puis à l'aide de sondes automatiques propulsées par MHD et capables d'évoluer silencieusement à vitesse hypersonique dans l'atmosphère, ils décidèrent d'abandonner un corps expéditionnaire de six personnes. La décision fut prise rapidement, au moment où la « fenêtre hyperspatiale » qui avait permis le voyage Ummo-Terre était précisément en train de se refermer, c'est-à-dire au moment où les conditions météocosmiques commençaient à se dégrader [1].

Dans le fil du livre, les Ummites, parlant à travers la

1. J'ai évoqué cet éventail d'idées dans *Enquête sur les OVNI,* de manière scientiste. Pour ce faire, j'ai agité en tous sens les idées lancées depuis quelques décennies par les spécialistes de la relativité générale, dont je suis. Tout ce que je peux dire c'est que l'état actuel de nos connaissances nous interdit de nous prononcer sur la possibilité ou l'impossibilité d'une telle technique.

bouche de Sesma, indiquaient qu'ils auraient été en contact à Pittsburgh avec un certain Theodore T. Polk. Celui-ci leur aurait demandé pourquoi ils avaient donné à la Terre cette appellation de planète du carré et ils s'en expliquèrent.

À cette époque je connaissais une charmante jeune femme américaine nommée Bonnie qui était mannequin. Lorsque je lui parlai de ce point de l'affaire, elle dit aussitôt :

– Aux États-Unis le système des renseignements téléphoniques marche très bien. Tu devrais essayer de savoir si ce Theodore T. Polk existe vraiment.

C'était une bonne idée. Je confiai cette tâche à un ami vivant à Boston et deux mois après, il m'écrivit :

– Il n'y a qu'un seul Theodore T. Polk dans toute la région de Pittsburgh. Il n'habite pas la ville même, mais une banlieue nommée Export. Voici son numéro de téléphone et son adresse.

Quelques mois plus tard j'étais à Fort Lauderdale, près de Miami. J'appelai Polk au téléphone. Je savais qu'il était universitaire et travaillait comme conseiller en orientation professionnelle. Il n'y avait pas trente-six façons d'aborder cet homme. Je me présentai comme scientifique, travaillant au CNRS, en vacances dans cette région de Floride. Puis je lui demandai :

– Auriez-vous été en contact avec de mystérieux interlocuteurs qui prétendaient venir d'une autre planète?

– Grands dieux non!

L'affaire se présentait mal. Toute honte bue, je poursuivis :

– Auriez-vous eu des appels téléphoniques émanant de

gens ayant une certaine difficulté d'élocution, une voix assez monocorde?

– Non, je ne vois pas ce que vous voulez dire.

Je jouai alors le tout pour le tout :

– Est-ce que la planète du carré signifie quelque chose pour vous?

– Oui, mais je préfère ne pas en parler au téléphone.

Très gentiment, mais fermement, il refusa de poursuivre cette conversation et me demanda simplement de lui écrire en précisant ce que je savais de cette histoire. Le plus simple eût été de sauter dans le premier avion et d'aller lui rendre visite. Hélas, mes moyens ne me le permettaient pas et je dus me contenter de lui raconter en gros ce que je savais, comme on tente d'appâter un poisson. Il répondit aimablement en me disant que cette histoire lui avait valu de se trouver en contact avec des personnes situées aux quatre coins du monde, y compris au Japon. Sa lettre ne contenait rien de précis. On sentait l'homme méfiant. L'année suivante un congrès de MHD me propulsa à Boston et je tentai de nouveau un contact. Il me répondit :

– Oui, j'ai reçu votre seconde lettre avec toutes vos questions. J'ai trouvé le ton de celle-ci sympathique et cent fois j'ai failli y répondre. Mais on m'en a dissuadé en m'expliquant que de grands malheurs pourraient résulter de cette démarche. J'en suis désolé, excusez-moi.

La porte se refermait. Les années passèrent et Polk mourut. Il ne faut pas s'étonner du nombre de décès dans cette affaire, car les faits évoqués couvrent une période de quinze ans quand cela me concerne personnellement et de vingt-neuf ans quand il s'agit de l'ensemble du contact avec l'Espagne. Personne n'est éternel. Le cas Polk prouvait que l'implantation ummite était planétaire. Les Ummites ne s'en cachaient pas d'ailleurs. À part le réseau espagnol, il y en avait d'autres, au Canada, aux États-Unis, en URSS, en Australie, en Italie, en Allemagne, pour ne citer que les principaux. Les Espagnols n'avaient eu que de rares contacts, épisodiques et toujours à sens unique, avec ces réseaux étrangers.

Les déclarations du père Guerrero

Entre 1962 et 1967 le réseau Ummo espagnol avait fonctionné de manière relativement discrète. Le nombre des contactés avait crû régulièrement. Toute personne, ou presque, qui manifestait un intérêt pour l'affaire, lors des réunions, recevait des textes. Tout évoluait dans le sens souhaité par les Ummites. Les contactés lisaient en chœur des suites interminables de pages parfaitement incompréhensibles, qui leur révélaient les secrets de l'hyperespace, évoquaient une logique tétravalente, « indépendante de son langage », un langage bisynchronique à double codage, ainsi que la variation de la vitesse de la lumière au cours du Big Bang. L'affaire de l'atterrissage de San José de Valdeiras fut comme un coup de pied dans cette fourmilière. Nous avons vu que cet événement avait amené Rafael Farriols à s'intégrer à ce groupe. Sesma avait réagi par une sorte de rejet, refusant de s'intéresser à cette histoire et retournant à ses paisibles activités ésotériques. Grâce en particulier à Antonio Ribera, le cercle des initiés s'accroissait sans cesse. C'est ainsi qu'un ecclésiastique, le père Guerrero, avait eu en sa possession un certain nombre de textes, dont certains avaient trait à des questions que nous pourrions qualifier de métaphysiques. L'affaire de San José le plongea dans un véritable délire mystique. Il écrivit d'ailleurs un livre (cité dans la bibliographie), mélange de reproduction de textes ummites et d'élucubrations personnelles. En parallèle, il se montra fort bavard, intéressa la presse espagnole, donna des interviews fracassantes révélant qu'« un petit groupe d'expéditionnaires extra-terrestres vivait aux environs de Madrid, dans un refuge souterrain [1] ». Tout ce bruit fit la une de plusieurs journaux. Les Ummites, fort inquiets, annoncèrent qu'ils quittaient précipitamment et provisoirement l'Espagne, pour leur propre sécurité, tout en déplorant le manque de sérieux de la part de leurs correspondants.

La bande magnétique

Il est bien évident que la première chose qui vint à l'idée de nombreux contactés ou personnes qui avaient eu en main les documents fut d'imaginer qu'ils correspondaient à une vaste manipulation émanant des services secrets d'un pays de premier plan, comme par exemple les États-Unis à travers leur organisme spécialisé : la CIA. Dans cette affaire chacun soupçonnait tous les autres. Lorsque je fus mis en contact avec « le groupe de Madrid » il comprenait essentiellement Dominguez, ingénieur en télécommunications, et Aguire, médecin. L'ingénieur Vil-

1. Les Ummites révélèrent par la suite, dans un rapport, que ce refuge était situé dans la sierra de Gredos.

lagrasa, âgé, s'était mis de lui-même sur la touche. Dominguez se persuada rapidement que j'étais un agent de la CIA et il lui fallut une bonne dizaine d'années pour abandonner cette idée stupide. Les textes ummites faisaient souvent état de tentatives de pénétration de la part de services secrets étrangers. Vraies ou fausses, ces informations ne manquaient pas de sel. Les Madrilènes reçurent un jour une lettre les avertissant qu'un homme parlant couramment espagnol et qui séjournait fréquemment devant le lieu de leurs réunions était en fait un agent de la CIA. Ceux-ci joignirent à leur envoi une photocopie de sa carte professionnelle et précisèrent le nom de code du dossier Ummo, dans les cartons de la CIA : Red Castle, c'est-à-dire Château Rouge. L'homme s'évanouit immédiatement dans la nature. Décidément, cette affaire semblait donner du fil à retordre aux services secrets de différents pays.

Après les actions menées par différents groupes privés, le Département d'État américain avait été amené à « déclassifier » un nombre important de dossiers liés aux ovnis. Selon la journaliste Martine Castello, le dossier Ummo aurait été un des seuls à résister à ces assauts et resterait encore aujourd'hui couvert par le secret sur le territoire américain.

En 1968, un nommé Donis roulait sur une route le menant à Madrid, de nuit. Soudain, selon son propre témoignage, il aperçut un engin discoïdal posé sur le bord de la route. Il s'arrêta, supposant que l'engin était en panne et s'apprêta à offrir ses services. Auprès de la machine se trouvait un individu d'apparence tout à fait humaine quoique étrangement vêtu d'une espèce de combinaison de vol assez moulante. Ils se saluèrent.

L'homme parlait convenablement l'espagnol. Témoignage, nous dirions classique, d'une rencontre du troisième type, avec tout son cortège d'absurdité.

– Mais qui diable êtes-vous? demande l'Espagnol.

– Je viens d'une autre planète.

– Mais vous avez une apparence tout à fait humaine!

– C'est que je suis un humain. Les habitants de la planète où je réside avaient enlevé des Terriens il y a longtemps et je suis un de leurs descendants.

– Autrement dit, vous êtes captif de ces gens. N'avez-vous pas songé à vous évader et à revenir vivre sur la Terre?

– Certes non. Quand on voit ce qui se passe ici cela donne plutôt envie de rester là-bas.

Récit totalement surréaliste. Les deux hommes prennent congé et Donis regagne son domicile. Il raconte l'histoire à son épouse qui en parle à une voisine, etc. À l'époque, une bonne partie de l'Espagne vivait à l'heure de l'affaire Ummo. La presse en parlait constamment, les documents et les histoires circulaient. Le thème du contact avec des extra-terrestres faisait pour ainsi dire partie de la vie quotidienne des Madrilènes. L'homme à qui était arrivée cette aventure reçut un jour un appel téléphonique. Une voix très monocorde, rappelant celle de Donald le canard, lui disait :

– Nous sommes intéressés par ce qui vous est arrivé. Nous aimerions venir vous voir pour que vous nous en disiez un peu plus.

Rendez-vous fut pris et la conversation s'acheva sans que les mystérieux interlocuteurs déclinent leur identité. Entre-temps, le héros de cette histoire avait été mis en relation avec le groupe des contactés de Madrid, qui s'écrièrent :

– Cette voix que vous décrivez ressemble beaucoup à celle de gens qui nous appellent parfois et qui prétendent être des Ummites. Si vous n'y voyez pas d'inconvénient nous aimerions être présents lors de cette rencontre.

L'homme acquiesça. Le jour prévu, le petit appartement de Madrid était plein. Certains avaient à la main une liste de questions qu'ils souhaitaient poser aux extraterrestres : s'il y avait une solution au théorème de Fermat, si les poules étaient capables de transmuter des métaux à l'intérieur de leur corps lorsqu'elles étaient privées de nourriture, etc. Farriols était également présent avec un magnétophone et il enregistrait tout. Quand on écoute la bande on entend effectivement le représentant narrer la rencontre; puis le téléphone sonne. Il décroche et dit d'une voix plus faible : « Ce sont eux. » Farriols a la présence d'esprit de brancher sur l'écouteur téléphonique un micro-ventouse qui lui permet d'obtenir un enregistrement de la brève communication qui suit. Dix ans plus tard, Ribera m'en procura une copie. Il n'y avait que quelques phrases :

– No formulen preguntas de sus hermanos reunidos en sù domicilio. Suplicamos perdon señor, suplicamos perdon, disconecto la communicacion [1].

Muni de cette cassette, je fis ce que j'avais toujours fait dans cette affaire : de l'analyse de contenu. Un excellent laboratoire de phonétique existe à la Faculté d'Aix-en-Provence. J'allai voir mon ami Teston, qui y travaillait,

1. « Que les gens réunis dans votre domicile ne formulent pas leurs questions. Nous vous demandons pardon, monsieur, mais nous interrompons la communication. »

et lui demandai de réaliser un phonogramme à partir de cet enregistrement, sans lui parler du contexte. C'était pour lui un travail de routine. Un phonogramme est un document sur lequel figure en abscisse le temps et en ordonnée la fréquence.

À chaque instant, le son émis est analysé spectralement et la coupe verticale d'un tel document fournit à cet instant les composantes de l'émission sonore.

– Alors, qu'en penses-tu?

– C'est du recto tono.

– Qu'est-ce que ça veut dire?

– La voix humaine est engendrée dans un conduit vocal assez complexe, par les cordes vocales. Ce conduit se déforme sans cesse, aussi les fréquences émises par la voix ne sont-elles jamais constantes. Dans un phonogramme humain les fréquences montent et descendent comme des vagues.

Teston estimait que, dans le document que je lui avais fourni, ces fréquences étaient trop constantes pour qu'il s'agisse d'une voix humaine naturelle.

– Il peut s'agir d'un synthétiseur ou d'une voix trafiquée à l'aide d'un vocoder.

– Les synthétiseurs et les vocoders existaient-ils en 1968?

– Non, c'était un peu tôt.

Il ne s'agit pas ici de déduire une conclusion quelconque mais, une fois de plus, en tirant un nouveau fil de cette tentaculaire affaire, je n'en étais que plus déconcerté. Quand bien même des personnes de services secrets auraient été en possession d'un tel gadget, quel pouvait être le sens de cette opération? Tout était magnifiquement absurde. Quelques années plus tard, des documents parvinrent aux Espagnols. Les Ummites parlaient de leurs organes de phonation, particulièrement atrophiés. Les sons n'y étaient tout d'abord pas produits par des cordes vocales mais par des organes plus primitifs. Au fil de l'évolution, ces organes s'étaient progressivement atrophiés et la majorité des gens de la planète subissaient, dès la puberté, une sorte de sclérose qui les rendait pratiquement aphones. Nous connaissons aussi, nous Terriens, des problèmes de vision. Qui ne devient pas presbyte l'âge venant, par sclérose des muscles agissant sur le cristallin? Certains peuples de la Terre, comme les Japonais, privés de ces prothèses que sont les lunettes, connaîtraient de sérieuses difficultés.

Les Ummites avaient, il y a longtemps déjà, résolu le problème en équipant les individus, dès leur jeune âge, avant que cette atrophie ne survienne, d'un implant faisant office d'amplificateur. Autrement dit, ils avaient inventé le vocoder. Ce faisant il ne leur était pas venu un instant à l'idée d'accroître un spectre vocal pauvre, lequel correspondait au phonogramme obtenu par Teston. Avant que leur technologie ne soit assez développée pour que cette solution sophistiquée puisse être mise en œuvre, ceux qui voyaient leur voix s'éteindre palliaient cet inconvénient en utilisant un langage gestuel, dans le style de celui des sourds-muets. Lorsque ces solutions technologiques avaient pu s'imposer, la sélection naturelle avait sans doute cessé de jouer et ces « assistés phoniques » étaient peut-être devenus plus nombreux. De nos jours il existe un nombre croissant de maladies d'origine génétique qui font tache d'huile simplement parce que la pharmacopée ou les interventions chirurgicales permettent d'amener à l'âge de procréer des individus qui, à une époque antérieure, auraient trouvé rapidement la mort. Il ne faut pas voir dans ce propos une attitude fascisante. En effet, en poussant le sélectionnisme à l'extrême, un individu comme Himmler, qui était myope comme une taupe, aurait dû être éliminé dès son plus jeune âge.

En dépit de sa grande ressemblance avec le Terrien, l'Ummite moyen semble être assez balourd, avec « tout dans la tête ». On l'imagine passablement déconcerté par les acrobaties d'un jongleur ou par une finale de championnat du monde de patin à glace. L'activité artistique sur Ummo est pratiquement inexistante. La musique y est inconnue. L'absence d'arts plastiques est justifiée de manière peu convaincante par une apparition précoce de techniques photographiques. Par contre, comme l'olfaction y est un sens infiniment plus développé que chez nous, les ressortissants de cette planète assisteraient, selon les rapports, à des concerts d'odeurs appréciés. Rafael Farriols a toujours chez lui un « orgue à odeurs » comprenant des sources de senteurs diverses et commandé par un clavier permettant de plaquer des accords, sans doute inspiré par les documents.

Nous avons dit que l'Ummite vivait avec un petit appareil intégré à son anatomie, qui amplifie considérablement les faibles sons produits par une cavité phonatoire sclérosée, sans les déformer. Mais celui-ci n'exploite pas l'intégralité du spectre produit. Les hautes fréquences sont transcodées sous forme d'ultra-sons, qui permettent alors une commande vocale assez originale et discrète de toutes les machines usuelles, y compris des puissantes nefs interstellaires.

L'idéologie qui se dégage des documents

C'est évidemment une question centrale. Quels que soient les auteurs de ces textes, que contiennent-ils, quel message véhiculent-ils ? Personnellement je réfute la thèse de la blague d'étudiants. Diluées dans des propos assommants en diable, il me semble qu'il existe dans ces textes des informations scientifiques qui ne sont pas du ressort du premier venu. Qui plus est, ces informations sont exploitables et j'en ai, je pense, apporté la preuve. Au-delà de ce contenu scientifique, quel est le ton général des documents Ummo ?

Je dirais qu'ils tranchent sur la masse considérable des messages auxquels on peut attribuer le qualificatif d'ésotériques. L'Ummite pratique une certaine rationalité. Le flux informatif est lent, sirupeux, moralisant, mais une cohérence globale s'en dégage. Quelques informations sont extrêmement précises, quantitatives. Certaines ont pu être vérifiées, d'autres non. Souvent le texte a des allures de notice technique. On n'y trouve jamais le moindre humour et les images sont excessivement rares. La métaphore est pratiquée de manière exceptionnelle.

Il est intéressant de se tourner, par exemple, vers la masse des documents reçus par Sesma et se référant à la vie quotidienne sur la planète Ummo. C'est un monde parfaitement totalitaire où l'individu est subordonné à la société planétaire à laquelle il appartient. Ce monde aurait été construit délibérément, après des siècles de troubles incessants et meurtriers. Au moment où s'achève cette période particulièrement dramatique de l'histoire de la planète ummite, celle-ci est dominée par... la science. Une jeune despote a réussi à convaincre toute la population qu'elle était le cerveau de Ummo. Un gourou à l'échelle planétaire en quelque sorte, subjuguant des centaines de millions d'âmes. La femme gourou s'est donné un droit absolu de vie ou de mort sur tous ses habitants et applique ce principe avec une férocité totale en utilisant une police politique qui quadrille l'unique continent. L'accroissement des connaissances est alors considéré comme un but en soi. Les scientifiques sont astreints à un labeur harassant. Ce ne sont pas les privilégiés de la science, mais ses esclaves. S'ils ne produisent pas suffisamment de résultats, ils sont mis à mort. Les expérimentations sur des êtres humains sont couramment pratiquées, à grande échelle. Avant sa profonde mutation, le monde ummite ressemble à celui imaginé par les nazis. Toute la population semble s'être laissé subjuguer par un être unique. Puis cette femme est assassinée par une de ses servantes à l'aide d'un explosif. Le peuple se rue alors sur les laboratoires et les détruit. Les bibliothèques brûlent. Une grande partie du savoir accumulé est anéanti, provoquant une récession importante et durable dans le domaine des « sciences dures ».

Le peuple ummite, toujours selon ces textes, aurait alors profondément investi dans les sciences humaines, la psychologie et la sociologie, en cherchant une solution globale qui permette d'empêcher le retour de tels excès. La première idée qui se dégage est qu'il est impossible de modifier le comportement d'êtres humains à l'échelle d'une seule génération. Des principes peuvent être édictés, mais si les structures mentales des individus restent inchangées, le résultat sera nul et non avenu. On peut comparer cette idée avec l'échec relatif des théories révolutionnaires sur la planète Terre et la façon dont des groupes d'individus parviennent régulièrement, avec le temps, à détourner un courant d'idées altruiste à leur profit. Les Ummites décidèrent d'isoler une partie de la population, essentiellement des jeunes enfants, pour « incuber » cette nouvelle génération.

Cette idée n'a rien de spécifiquement extra-terrestre. On la retrouve dans tous les systèmes totalitaires où la famille n'est pas jugée suffisamment compétente pour que l'éducation, l'endoctrinement de sa progéniture, puisse lui être confiée. Dans le système ummite actuel, toujours en suivant ces textes, les enfants sont séparés de leur famille à l'âge de treize ans et on leur fournit dans des centres spécialisés le complément d'éducation nécessaire. Les parents peuvent suivre la progression de leurs enfants à distance, par l'intermédiaire de moyens vidéo, mais ce système ne fonctionne que dans un seul sens : il ne leur est plus possible de les influencer.

C'est le premier volet du système social décrit dans les documents Ummo. Celui-ci n'est jamais présenté comme un modèle, bien au contraire. Les auteurs insistent en disant qu'une solution mise à profit sur une planète peut se révéler totalement inadéquate sur une autre. La seconde idée de ce système social s'appuie sur une gestion totalement informatisée, à l'échelle de la planète. La production est entièrement contrôlée, y compris celle des naissances. Les Ummites ne peuvent d'ailleurs s'apparier et procréer en prenant eux-mêmes des décisions aussi lourdes. Ces opérations sont fondées sur des analyses poussées des profils psychologiques des futurs conjoints et sur des études de compatibilité de ceux-ci. La population d'Ummo est d'ailleurs limitée à deux milliards d'individus et les naissances sont strictement programmées. Les besoins sont couverts, chacun travaille. Les individus sont beaucoup moins divers que sur Terre. La fourchette des possibles est plus étroite. Bref, cette planète fonctionne comme une fourmilière, un gigantesque être vivant. À l'intérieur d'un cadre strictement infranchissable, l'épanouissement reste possible. Pour un Terrien, cette vie serait sans doute insupportable, mais elle semble convenir à ces gens qui n'ont pas l'air débordants d'imagination. L'indépendance devient un mot dénué de sens. Personne ne peut se promener sur cette planète sans que l'ordinateur central ne connaisse à la limite ses coordonnées. Ce n'est pas la machine qui décide, mais c'est elle qui gère et rien ne lui échappe.

Pour parfaire un tel système il est indispensable de lui adjoindre un système juridique. L'écueil immédiat du totalitarisme est le monde des privilèges : le parti, la nomenklatura. Les Ummites contournent cette difficulté en prétendant pouvoir évaluer de manière extrêmement fiable les capacités de chaque individu, à la naissance et au cours de son développement. La société lui fournit des avantages, on pourrait dire en nature. La propriété y est inconnue, la thésaurisation aussi. Cette société planétaire fournit à chaque homme de la planète une gratification qui dépend de ce qu'il produit effectivement, qui est évalué et comparé par rapport à ce qu'il devrait normalement produire en fonction de ses capacités. Dans la mesure où les moyens d'évaluation sont fiables, ce système garantit une justice sociale, on pourrait dire implacable. On admet qu'il existe des disparités psychosomatiques entre les individus, mais on décide une fois pour toutes que ceux-ci sont égaux et que le traitement qui leur sera réservé sera le même s'ils satisfont au quota correspondant à leur éventail de capacités psychosomatiques. C'est imparable.

Imaginons une usine de production de glucose. Un individu aux capacités intellectuelles limitées est employé comme manutentionnaire. En dépit de tous les efforts qui ont pu être faits pour doter cet homme de connaissances sophistiquées, ses neurones faiblards ne lui ont pas permis d'apprendre grand-chose. Un autre, dont l'encéphale était au départ mieux agencé, et qui a suivi le cursus correspondant à ses capacités, dirige la production. Et les voilà tous les deux avec le même niveau de vie! Très bien, pourrait se dire le directeur, j'abandonne ma charge et je deviens manutentionnaire. Erreur, son niveau de vie s'effondrerait alors immédiatement.

Le système ummite fournit une plage qui donne à l'individu la possibilité de se laisser aller à une certaine paresse ou au contraire de devenir un véritable stakhanoviste. Mais, en deçà d'un certain seuil de laisser-aller, l'inconfort en résultant devient trop grand. L'oisiveté totale, le parasitisme ne sont tout simplement pas tolérés. Il existe bien entendu une certaine délinquance, bien que les pourcentages ne soient pas fournis. Sur Ummo, des gens se rendent coupables de meurtres, d'actes barbares. À ce stade, la société prend symboliquement possession de ces gens, qui cessent d'être des citoyens à part entière. Les rémissions de peine sont inconnues. Les condamnés à vie sont utilisés comme cobayes humains mais on s'empresse de préciser qu'il s'agit d'expériences où leur intégrité physique et mentale n'est pas compromise.

Il est fait mention, dans ces documents, d'une chose

qui fait froid dans le dos étant donné la tranquillité avec laquelle elle est racontée. Dans l'histoire ummite, un groupe de mutants aurait, à une certaine époque, acquis des caractères physiologiques tels qu'ils perturbaient considérablement l'activité de masses importantes d'habitants de la planète. Quand cette affection fut identifiée et les « pauvres malades » localisés, la solution fut mise en œuvre immédiatement : ils furent tués à distance à l'aide d'un faisceau de micro-ondes. Ceci est présenté comme une mesure libératoire, prophylactique, qui allait de soi. Dans les textes Ummo, l'individu est totalement subordonné aux impératifs totalitaires, comme une cellule peut l'être dans un organisme vivant.

Pour ceux qui s'attendaient à trouver dans ces documents quelque modèle édénique, la déception fut grande. Certes, la nature est omniprésente, l'être humain vivant en symbiose avec elle. L'habitat est dispersé, les mondes concentrationnaires bannis. La qualité de vie a été optimisée et les besoins essentiels des individus largement satisfaits. Nous ne pouvons pas en dire autant et nos sociétés étalent quotidiennement leurs injustices et leurs actions coercitives et despotiques.

L'univers de Ummo ressemblait par certains aspects au *Meilleur des Mondes*. Rappelons-nous le principe de Sa Forderie : identité égale stabilité. Mais le monde de Huxley était sans âme. Le spleen, l'angoisse existentielle, y étaient traités par une drogue douce, le soma. Le monde de Ummo est censé s'appuyer sur des conceptions à caractère métaphysique qui seront évoquées ultérieurement.

Même si ces documents ont une provenance extraterrestre, personne ne peut dire si cet aperçu historique, cette structure sociale sont réels faute d'être allé sur

Ummo. Quel que soit l'auteur de ces textes, on trouve au moins une idée originale : ce « feed-back » assurant la stabilité et l'équité dans une société. Ici-bas, le marxisme a démontré son incapacité *de facto* à donner aux hommes le bonheur. Le capitalisme ne peut non plus y prétendre, la libre entreprise étant la porte ouverte à tous les excès. Les sociétés fondées sur des dogmes religieux intégristes ne valent guère mieux. Si elles proposent parfois des solutions qui incitent à l'altruisme et limitent certains excès, elles véhiculent d'autres facettes qui semblent singulièrement en retrait par rapport à l'évolution et aux progrès des valeurs humaines. Disons que leur défaut majeur est leur sclérose, leur incapacité à évoluer, leur dogmatisme foncier, souvent aveugle à toute réalité.

Les rapports concernant les armements

Dans les rapports reçus par Sesma, il était fait mention de progrès alarmants réalisés par les hommes de la Terre en matière d'armements. Il était explicitement dit que ces « progrès » pouvaient un jour déboucher sur une arme apocalyptique, dite arme au plasma, capable tout simplement de ravager une planète et d'y supprimer toute vie. Ces textes disaient que les Ummites auraient reçu un message radio émis par une planète distante de leur système de 2 000 années-lumière, mais que des conditions particulièrement favorables du « pluricosmos », base de leur conception cosmologique, leur auraient permis de visiter au prix d'un voyage de deux années. Lorsqu'ils arrivèrent sur place cette planète s'était tout simplement autodétruite à l'aide de ces armes terribles et son sol était vitrifié.

En 1975, de nouveaux rapports arrivèrent entre les mains des Espagnols concernant cette menace. Les renseignements, beaucoup plus précis, évoquaient ce que nous appelâmes par la suite des systèmes à énergie dirigée. À l'époque, mes rapports avec la rédaction de *Science et vie* et avec son rédacteur en chef, Philippe Cousin, étaient encore excellents. Celui-ci me proposa, en 1976, d'effectuer un périple aux États-Unis à l'occasion du bicentenaire de la révolution américaine. J'avais le choix de l'itinéraire et je décidai de visiter les laboratoires correspondant aux projets évoqués dans les lettres ummites, c'est-à-dire essentiellement le célèbre LLL (Lawrence Livermore Laboratory, où fut étudiée la bombe H américaine) et le laboratoire Sandia, au Nouveau-Mexique. Ce que j'y découvris me stupéfia.

Comment un chercheur du CNRS a-t-il fait pour mettre le doigt sur des projets sensibles au cours d'un aussi bref voyage? La chance joua, bien sûr. J'avais connu à l'Institut de mécanique des fluides de Marseille un scientifique du nom d'Alström. Durant son séjour, il avait développé, dans les années soixante, les premiers lasers à gaz français. Je le retrouvai à Livermore et il m'accueillit avec chaleur. Il dirigeait le projet « Shiva ». Au printemps 1976, fonctionnait au LLL une installation nommée Janus, utilisant deux puissants lasers au néodyme. À côté de ce que nous savions faire au même moment en Europe, ces objets étaient de véritables monstres, déployés parallèlement sur une bonne centaine de mètres dans un immense hall et dont les rayonnements convergeaient de manière diamétralement opposée sur une petite cible qui était une bille en verre emplie d'hydrogène, dont le diamètre se comptait en fractions de millimètres. C'est là que j'entendis, pour la première fois de ma vie, le mot *térawatt*. *Téra* en grec veut dire monstrueux. Chacun des deux lasers de Janus développait un térawatt, c'est-à-dire un million de mégawatts. Pour moi, une telle puissance restait inimaginable. C'était celle de mille centrales nucléaires fonctionnant simultanément, et comparable à toute l'énergie électrique produite sur l'ensemble de la planète, pendant le même laps de temps. Et tout cela était concentré sur une cible minuscule. L'énergie se déposait sur un revêtement spécial, qui entrait violemment en expansion, à la fois vers l'extérieur et vers l'intérieur de l'objet, ce qui entraînait au passage une compression fantastique du contenu de la cible. L'hydrogène liquide, considéré habituellement comme incompressible, devenait mille fois plus dense et sa pression montait à un million d'atmosphères.

Je dis aussitôt à Alström :

– En somme, vous êtes en train d'essayer de reconstituer une supernova en laboratoire.

– Exactement.

Dans la supernova, l'enveloppe gazeuse explose, du fait de la fusion de l'hélium, et entre en expansion. La majeure partie de cette masse est dispersée aux quatre vents de l'espace, mais la partie centrale se trouve comprimée. Selon les idées actuelles, elle se mue soit en étoile à neutron, soit en trou noir.

Bien sûr, Janus était loin d'être capable de créer les conditions d'initiation d'une réaction de fusion. Alström travaillait déjà sur Shiva, un projet comprenant 24 lasers d'un térawatt chacun. Il me montra le bâtiment qui était en construction. Pourquoi Alström m'avait-il montré tout cela? Je n'en sais rien, mais c'est une chose assez classique aux États-Unis : on maintient un secret épais sur un domaine, puis un jour quelqu'un ouvre la porte au premier venu en disant « voilà », ou alors quelqu'un bavarde. Je me rappelle qu'après cette visite, j'avais déjeuné avec un ingénieur du Commissariat à l'énergie atomique français qui était à Livermore en stage depuis un an et qui me déclara :

– J'ai entendu parler de ce projet, mais je ne comprends pas pourquoi ils vous ont laissé visiter tout cela. Je n'ai jamais eu accès à ce secteur.

La seconde partie de mon voyage passait par les laboratoires Sandia, près d'Albuquerque, au Nouveau-Mexique. J'y fus reçu par Gerald Yonas, responsable du projet de fusion par faisceau d'électrons. Là encore un monde totalement neuf s'offrait à mes yeux. Dans les lasers, les chercheurs emmagasinaient de l'énergie lumineuse dans d'énormes blocs de verre dopés au néodyme. Dans la machine de Sandia on accumulait de l'énergie électrique dans des systèmes qui s'en déchargeaient en des temps extrêmement brefs. Les 36 éléments, distribués comme les rayons d'une roue de charrette, focalisaient sur le « moyeu » une puissance équivalant à 30 térawatts sur un volume un peu plus important qu'à Livermore. Selon Yonas, de la taille d'un œuf de pigeon [1].

– Nous avons des problèmes de focalisation, disait-il.

1. La première description détaillée d'un tel dispositif devait être révélée six ans plus tard dans la presse scientifique. Voir par exemple l'article de Gerald Yonas dans *Pour la Science*, n° 15, janvier 1979, traduction de *Scientific American.*

Nos pinceaux d'électrons ont tendance à turbuler lorsqu'ils arrivent sur la cible. Mais je pense que nous pourrons vite remédier à cela.

Il était clair que les chercheurs américains, et d'après Yonas également les chercheurs soviétiques, étaient en train de se doter d'outils nouveaux dont l'effet était de concentrer des énergies très importantes dans des volumes de plus en plus petits. Or, qu'est-ce qu'une densité volumique d'énergie? C'est tout simplement une pression [1]. Les lettres ummites parlaient explicitement de cette course aux très hautes pressions, celle-ci étant susceptible d'altérer profondément l'état de la matière au point de la transformer... en antimatière. La pression critique était indiquée : 100 millions d'atmosphères. Ces conditions hyperbares, disaient les documents, ont déjà été obtenues de nombreuses fois en laboratoire, pendant des temps excessivement brefs. Pour que le processus d'inversion se produise, il fallait que cette pression soit maintenue pendant un temps suffisant, qui n'était pas précisé.

Le système de Livermore atteignait allégrement le million d'atmosphères. Combien de temps faudrait-il pour obtenir ces conditions extrêmes? Dix ans? Quinze ans? Je n'en savais rien mais tout indiquait que quelque chose était en marche, qui pouvait éventuellement dépasser largement l'attente des chercheurs, c'est-à-dire la fusion thermonucléaire.

1. On est habitué à considérer une pression comme la mesure d'une force (en newtons) par unité de surface (en mètres carrés). Mais, dimensionnellement parlant, le premier physicien venu sait que c'est également la mesure d'une puissance (en joules) par unité de volume (en mètres cubes).

En quoi cela pouvait-il être important? Si quelqu'un arrivait ainsi à synthétiser directement de l'antimatière en « inversant les particules » sous l'effet d'une haute pression maintenue pendant un temps assez long, les dégagements d'énergie seraient dix mille fois plus importants que pour la fusion thermonucléaire, pour des masses mises en jeu identiques. C'était réellement apocalyptique.

Je me souviens parfaitement de ces heures passées avec Yonas à Sandia. Il me décrivit ce qu'on devait appeler plus tard la « guerre des étoiles ». Il jonglait avec les énergies, parlait de rayons meurtriers et de pinceaux de particules capables de frapper des cibles aussi minuscules que des têtes nucléaires à des milliers de kilomètres de distance. Tout cela en 1976.

Quand je rentrai en France, je fis un papier résumant tout ce que j'avais entendu là-bas. J'avais même convaincu Alström de me confier d'excellents clichés en couleurs des lasers de Livermore. À la rédaction de *Science et vie*, le rédacteur en chef ne me crut pas une seconde et fit réécrire mon papier par une journaliste de son équipe. Les photos furent égarées.

Vladimir Aleksandrov

Au cours d'un séjour de longue durée qu'il avait effectué dans notre pays, j'avais connu un Soviétique, Vladimir Aleksandrov, avec lequel j'avais noué des liens de sympathie. J'entretenais avec lui, et avec d'autres chercheurs soviétiques, comme mon vieil ami Vladimir Goloubev, spécialiste des lasers et ancien compagnon de travail de Vélikhov [1], d'épisodiques relations épistolaires. Parfois nous nous rencontrions dans un congrès et discutions relativement librement. J'eus l'occasion de me rendre à Moscou en 1983, pour le huitième colloque international sur la MHD. J'avais présenté deux articles qui avaient été acceptés [2]. L'un décrivait l'accélérateur pariétal japonais, présenté dans le numéro d'avril 1991 de *Science et vie.* J'écrivis à Aleksandrov suffisamment longtemps à l'avance pour être sûr que mon courrier lui parviendrait. Je l'aperçus le second jour près de l'entrée de la salle de conférence. Nous nous éloignâmes et trouvâmes un endroit suffisamment discret pour discuter. Je me souviens que nous étions assis sur un banc, dans une sorte de galerie marchande, en face d'un grand hall où trônait un coq en bronze d'un bon mètre de haut. Juché en haut d'un pylône, il écartait les ailes et faisait crisser ses plumes de métal quand sonnaient les heures.

Aleksandrov était météorologiste et mécanicien des fluides. Depuis plusieurs années, il s'était intéressé aux effets possibles du déclenchement d'une guerre nucléaire sur l'atmosphère terrestre. Cela faisait des décennies que l'on faisait éclater des engins monstrueux [3] et personne

1. E. Vélikhov est un personnage important dans l'appareil d'État soviétique, depuis de longues années. Ayant, au départ, travaillé dans la fusion, il fut au centre de l'effort de MHD et occupe actuellement le poste de vice-président de l'Académie des sciences d'Union soviétique et de responsable des projets avancés en matière de défense, en particulier de la version soviétique de la « guerre des étoiles ». Ce qui, en Union soviétique, n'est pas incompatible : il est également un des adjoints les plus efficaces de Gorbatchev en matière de désarmement nucléaire.

2. Ces articles sont reproduits dans l'annexe scientifique.

3. On avait cru, jusqu'ici, que la puissance des bombes thermonucléaires expérimentées par les Soviétiques sur leur territoire s'était limitée à 40 ou 60 mégatonnes. Or, Sakharov a indiqué dans ses *Mémoires* que plusieurs essais avaient été effectués sous sa direction correspondant à des engins de

ne s'était, avant lui, réellement préoccupé des conséquences possibles de l'explosion simultanée de milliers d'ogives sur l'hémisphère Nord. Les bombes qui éclateraient près du sol, ou dans le sol (c'est-à-dire la majorité en cas d'attaque thermonucléaire, puisque les cibles prioritaires seraient alors les silos de missiles), créeraient au point d'impact des poussières d'une finesse extrême, d'un diamètre de l'ordre du micron. La chaleur considérable qui régnerait dans chaque « boule de feu », après l'émission d'une puissante onde de choc et d'un rayonnement annihilant toute vie, provoquerait un appel d'air et emporterait ce matériau pulvérulent à très haute altitude, dans la stratosphère, comme ce fut le cas dans toutes les explosions passées. Étant donné la finesse de ces particules, celles-ci ne pourraient, comme cela a pu être constaté lors des expériences faites, retomber au sol qu'en des temps extrêmement longs, de l'ordre de six à dix-huit mois.

Aleksandrov était parti d'évaluations des quantités de poussières qu'une attaque équivalant à plusieurs milliers de mégatonnes pourrait disperser dans la haute atmosphère et avait calculé, à l'aide de l'ordinateur BESM-6 du centre de calcul de Moscou, les conséquences de ce phénomène. Dans les dix-huit mois qui suivirent notre entretien devait sortir un film, d'origine américaine, qui allait, un bref instant, attirer l'attention du public sur ce genre de problème. Il s'intitulait *Le Jour d'après*. Ceux qui l'ont

100 mégatonnes, ce qui est proprement effrayant quand on pense que cette puissance équivaut à quatre-vingt mille fois la puissance de l'engin lâché sur Hiroshima. Ce qui est remarquable c'est que, dans ces essais, l'engin, Sakharov le précise, avait été lâché d'un avion, ce qui impliquait qu'il était parfaitement opérationnel et pouvait en particulier être adapté sur une fusée.

vu se souviennent sans doute d'images impressionnantes, représentant une ville réduite à un tas de décombres noircis, de cohortes de gens en sang et hagards, d'une espèce de « neige » radioactive tombant du ciel. Tout ceci était en fait inférieur à la réalité, telle qu'elle était décrite par Vladimir, et dont on espère qu'elle ne s'imposera jamais à nous. Ce qu'avait calculé Aleksandrov, c'est que cette couche pulvérulente occulterait pratiquement toute la lumière du soleil. Pendant les premiers jours la lumière parvenant au sol serait réduite d'un facteur 400. Par conséquent, le premier spectacle d'une région frappée par une attaque nucléaire serait celle d'une nuit presque totale, une nuit nucléaire. À la suite de l'incendie de leurs puits de pétrole lors de la guerre du Golfe, les Koweïtis connaissent, quand le vent rabat les fumées vers eux, semblable obscurité. En plein midi, ils sont obligés d'allumer leurs lampes pour lire simplement l'heure.

Les calculs d'Aleksandrov montraient que deux semaines suffiraient pour que la couche de poussière recouvre l'ensemble de l'hémisphère Nord. Ce phénomène s'accompagnerait d'une forte baisse de température, d'en moyenne 15 degrés. Même en faisant abstraction des dégâts matériels et humains considérables consécutifs à l'attaque et des conséquences biologiques des retombées, la privation de lumière provoquerait le dépérissement inévitable de pratiquement toute la végétation et bien évidemment la destruction de toutes les récoltes. Ce n'est qu'au bout de longs mois que la lumière reviendrait progressivement à son stade normal, après retombée de toutes les poussières présentes dans la stratosphère.

– Mais, lui demandai-je, ne pourrait-on envisager un

conflit nucléaire plus limité, impliquant quelques centaines de mégatonnes seulement?

– Non. Une attaque ne peut être que massive. En effet, la cible prioritaire est constituée par les silos de l'adversaire. Il faut donc les écraser pour interdire toute riposte. Quant à celui qui subit une telle attaque, il ne peut que répondre en tirant toute sa salve d'un coup et ce avant même qu'il ait été frappé, dès le moment où la salve de l'attaquant aura été détectée sur les radars à longue portée [1].

– Pourquoi? Ne peut-il y avoir de seconde frappe?

– Non. Si les missiles atteignent leur but, ils provoquent l'envoi dans l'atmosphère, outre une quantité importante de poussière, de débris plus importants pouvant atteindre plusieurs dizaines de kilos. Il serait alors strictement impossible de tirer des missiles à travers une telle couche de pierraille.

– Si je comprends bien, pour neutraliser l'adversaire, il faudrait soit détruire effectivement ses silos, soit interdire à ses missiles de fonctionner en déployant au-dessus de la région une grêle impénétrable, du moins pendant un certain temps.

– En gros, c'est cela. Par ailleurs, dans mes calculs, j'ai essayé aussi de tenir compte de la pollution due à de puissants incendies de forêts et urbains, consécutifs aux explosions. Les résultats sont complètement fous. Dans la stratosphère, la poussière intercepterait la majorité du

1. C'est ce qui s'appelle une stratégie de réponse sur attaque, développée aux États-Unis par Garwin. En cas d'attaque présumée des États-Unis, la salve totale des missiles présents sur le territoire américain devrait être tirée dans les quatre minutes suivant la détection, par les satellites d'observation, des départs de fusées à partir de sous-marins russes situés à quelques centaines de kilomètres des côtes.

rayonnement issu du soleil, mais dans les basses et moyennes couches, vers les 2 000 mètres d'altitude, les fumées capteraient l'énergie résiduelle. L'atmosphère serait donc froide sur le dessous et chaude au-dessus, donc superstable [1].

– Et comme dans un chauffage par le plafond cet air chaud absorberait l'humidité du sol.

– La masse océanique limiterait localement l'abaissement de température, mais ceci créerait alors des différences de pression très fortes au niveau des bandes côtières et des cyclones d'une puissance inouïe.

Aleksandrov me remit ce jour-là l'article qu'il venait de publier, avec son collègue Stenchikov, à l'Académie des sciences de Moscou. Il me demanda d'essayer de faire connaître ce travail en France à mon retour. Je m'y employai comme je pus, mais, une fois encore, je me heurtai au scepticisme des journalistes. Il fallut attendre six mois pour que la revue *La Recherche* se décide à sortir un article intitulé « L'année d'après », faisant écho aux travaux des deux Soviétiques.

La conversation se poursuivit avec le passage en revue des différents projets d'armements dérivés du nucléaire, qu'Aleksandrov connaissait : arme EMP, c'est-à-dire effet de l'explosion d'une charge thermonucléaire importante dans la haute atmosphère, créant un orage extrêmement intense, susceptible de détruire au sol toutes les installations électriques et électroniques de l'adversaire; bombes

1. Dans une situation normale, l'atmosphère terrestre laisse passer le rayonnement solaire, qui réchauffe alors le sol pendant la journée. Les basses couches atmosphériques, surchauffées, tendent à s'élever, ce qui se traduit par des ascendances, bien connues des amateurs de vol à voile. Dans une atmosphère superstable, qui correspond à la situation inverse, la convection naturelle cesse.

à hydrogène équivalant aux obus à charge creuse, à focalisation électromagnétique, etc. Aleksandrov connaissait le versant soviétique de la « guerre des étoiles ».

Il y avait pourtant « autre chose ». Une espèce de monstre commençait à vagir dans les expériences thermonucléaires souterraines [1]. Une lettre ummite était arrivée en Espagne qui donnait des détails sur l'avancée importante des Américains dans ce domaine. Leur projet portait le nom de code DMP 32. Apparemment, les Américains auraient obtenu, dans des compressions fantastiques créées à l'aide d'explosifs thermonucléaires et d'un système d'autoconfinement magnétique, leurs premières bouffées d'antimatière. Les Soviétiques, selon cette lettre, étaient également sur cette voie, quoique fortement handicapés par leur retard en matière de supraconduction. Aleksandrov me confia que ses recherches lui avaient valu des confidences anonymes de chercheurs impliqués, dans son pays, dans des recherches ultrasecrètes, liées elles aussi aux armes à antimatière. Certains d'entre eux, enfermés dans une démarche monstrueuse, avaient voulu soulager leur conscience [2].

1. Dans les œuvres scientifiques d'Andreï Sakharov, on voit (p. 45) qu'il avait annoncé ces expérimentations souterraines, basées sur des explosions mégatonniques. Le couplage de la bombe avec un système de type bêtratron pouvait déboucher sur des valeurs du champ magnétique atteignant 5 000 teslas (p. 57), correspondant à des pressions de 100 mégabars. Sakharov est également le père de la MHD soviétique (pp. 13 à 63).

2. Les scientifiques sont parfois placés dans des situations où ils « craquent ». Ce ne sont que des hommes, après tout. En novembre 1985 le physicien des hautes énergies Gospner était témoin du détournement de l'accélérateur de particules du CERN pour la fabrication de petites quantités d'antimatière à des fins militaires. Soudain atteint d'un cancer, il eut des « états d'âme » et révéla, dans un article paru dans la revue *La Recherche*, qu'il existait une possibilité pour que l'antimatière ainsi créée, sous forme d'antihydrogène, puisse être stockée dans des cristaux de la manière la

– Je sais, ajoutait Aleksandrov, des choses inimaginables, que je n'ose même pas dire.

Le rapport ummite renvoyait les deux Grands dos à dos. Les détails donnés dans cette lettre étaient assez précis. Il était dit, par exemple, que dans les opérations en Afghanistan, les Soviétiques utilisaient un gaz capable de détruire les cellules nerveuses des gens sans laisser de traces détectables. De leur côté, les Américains formaient, dans des camps spécialisés, un groupe de 400 tortionnaires sud-américains en leur enseignant l'usage d'un produit, la turbocurarina, qui provoquait des souffrances atroces sans laisser la moindre trace corporelle. Aleksandrov conclut : « Je crois que les hommes sont réellement devenus fous. »

Il me confia son projet : se lancer dans une sorte de croisade pour avertir les populations des risques infernaux que faisait courir à l'humanité tout entière la menace des armes de toute nature. Il engagea effectivement cette démarche, mais fut assassiné à Madrid en 1985, dans une indifférence générale. Certains journaux tentèrent de le discréditer, en arguant qu'il avait copieusement bu le jour de sa disparition. Or, Aleksandrov ne buvait pas. Il devait avoir été drogué. Nous tentâmes d'en savoir plus en contactant certains de ses amis occidentaux. Mais l'information clef, qui confirma que sa disparition était bien une élimination physique, nous parvint d'un journaliste d'*Actuel*, Gonzalez Mata, ancien membre des services

plus simple qui soit, l'anti-électron s'annihilant avec un électron du cristal et l'anti-proton, négatif, s'y retrouvant confiné électrostatiquement. Dès lors, le concept d'arme à antimatière prenait corps. Aujourd'hui ces préoccupations sont tombées en désuétude devant l'effort entrepris en direction d'un désarmement nucléaire.

secrets espagnols. Aleksandrov avait bien été enlevé devant son hôtel, à la nuit tombée. Il s'était défendu et avait été sauvagement frappé. Des prostituées avaient été témoins de la scène et des traces de sang étaient restées sur le sol lorsque la voiture était partie, emportant son corps inanimé. Mata précisa qu'un membre des services secrets espagnols aurait tenté d'en savoir plus sur cette affaire et qu'il aurait été battu à mort dans un parking.

– Croyez-moi, ne vous approchez pas d'une telle affaire. Vous êtes des amateurs. Ceci est une grosse histoire et les gens qui ont fait ce travail connaissent leur boulot.

Le phénomène du désarmement nucléaire

Dans les mois qui suivirent, les Soviétiques intensifièrent leurs propositions de désarmement. Certains se souviendront sans doute d'une visite effectuée chez la Dame de Fer par le ministre des Affaires étrangères soviétique dans le but de lui demander de l'aider à convaincre les Américains de faire marche arrière avant qu'il ne soit trop tard. Dans le milieu des années quatre-vingt, les courriers ummites se référèrent sans cesse à cette situation de tension extrême [1]. On pouvait faire une double lecture des événements. Au moment, par exemple, où

1. Selon des rapports ummites antérieurs, nous aurions, en 1967 et en 1974, risqué, à un moment, un embrasement nucléaire. C'est évidemment invérifiable mais cela n'est pas *a priori* absurde. C'est à cette époque, comme il est expliqué dans l'ouvrage de Ribera, que les Ummites auraient révélé l'existence d'un abri antiatomique construit par eux dans la sierra de Gredos et capable d'abriter 70 privilégiés pendant dix-huit mois, en état de parfaite indépendance vis-à-vis du milieu extérieur. Une moderne arche de Noé, en somme.

était arrivée la lettre évoquant le fameux projet sur l'antimatière DSP 32, le président Reagan lâchait, dans un micro que des techniciens voulaient régler, une phrase assez insolite :

– Je viens de signer une convention portant sur un projet de bombe qui nous permettra de rayer une fois pour toutes l'Union soviétique de la carte. Le bombardement va commencer dans cinq minutes.

Ce n'était certes pas du meilleur goût, mais c'était peut-être révélateur. On ne peut pas dire que la course aux armements ait été, à l'Est comme à l'Ouest, un fait purement politique. Depuis l'après-guerre, elle a toujours été un phénomène de paranoïa, doublée d'une affaire de gros sous. Les lobbies militaro-industriels sont à la fois voraces, aveugles et sourds. Les chercheurs sont complètement déconnectés des réalités. Sakharov l'explique bien lorsqu'il dénonce l'autonomie croissante de « l'installation », nom de code du centre où étaient préparées les expériences nucléaires soviétiques, vis-à-vis du pouvoir politique. Dès 1979, cet état de fait était parfaitement analysé dans les textes ummites et on ne pouvait que s'en inquiéter.

Gorbatchev intensifia, unilatéralement, des opérations spectaculaires de désarmement. Il gela les expériences souterraines en incitant les Américains à en faire de même. C'était là que le monstre qui pouvait dévorer la planète risquait de se développer. Si l'on en croit les textes reçus en Espagne, voici ce à quoi pourraient ressembler les effets d'une « arme au plasma ».

Une bombe est avant tout le dépôt brutal d'une certaine quantité d'énergie. Dans le cas d'une bombe atomique celle-ci est délivrée à 90 % sous forme de rayons X qui sont absorbés par l'air environnant. Porté à très haute température, cet air constitue ce qu'on appelle la boule de feu. Celle d'Hiroshima mesurait, je crois, une centaine de mètres. Dans le cas des bombes thermonucléaires, ce diamètre s'étendrait à plusieurs kilomètres. C'est l'expansion extrêmement brutale de cette boule de feu, accompagnée d'une onde de choc, qui est responsable des destructions mécaniques et c'est le rayonnement thermique émis par cette sphère incandescente qui brûle tout aux alentours. Dans le cas d'une « arme au plasma », la boule de feu, correspondant à une température atteignant 100 000 degrés, aurait un diamètre de plusieurs centaines de kilomètres. Elle vitrifierait tout au sol. L'onde de choc créée ferait plusieurs fois le tour de la Terre et ravagerait tout sur son passage, à la fois chez l'agressé et chez l'agresseur d'ailleurs. Les Ummites ajoutaient qu'ils se félicitaient d'avoir atteint un minimum de stabilité géopolitique bien avant d'avoir acquis un tel niveau technologique. Aux contactés qui leur réclamaient désespérément des solutions, ils répondaient invariablement :

– Sur Terre vous souffrez d'une véritable indigestion de technologie. Si vous saviez utiliser convenablement celle dont vous disposez, vous auriez largement de quoi résoudre la majorité de vos problèmes.

Nous assistons, néanmoins, à un mouvement de désarmement assez net. Officiellement, la cause première de la nouvelle attitude soviétique est l'effondrement économique de l'URSS. Les lettres ummites nous donnent une autre version, depuis 1987-1988. Ces lettres, dont nous ne pouvons que rapporter la teneur, expliquent que des démonstrations spectaculaires auraient eu lieu, devant certains hauts responsables des deux blocs, afin, d'une part, de les convaincre de la réalité d'une présence extra-terrestre, d'autre part de leur démontrer la supériorité technico-scientifique de ces visiteurs d'outre-espace.

Un bruit, rapporté par certaines revues spécialisées, court au sujet de l'atoll de Kjwalen dans le Pacifique. Lorsque l'on veut utiliser un missile à tête multiple, dont les ogives sont pilotables en phase de rentrée, il est nécessaire de s'assurer que celles-ci frapperont le sol exactement au même instant, à un millième de seconde près. Si les charges étaient de nature chimique, cela n'aurait pas d'importance. Lorsqu'un avion largue un chapelet de bombes à explosif chimique sur une cible, la première qui touche le sol fait exploser les autres. Dans le cas d'une charge nucléaire, si une charge explose prématurément, elle détruit ses voisines, sans entraîner la fission ou la fusion, selon la nature de l'explosif.

La cible type étant un ensemble de silos de missiles, le « bus » du dernier étage de la fusée disperse ses charges et celles-ci sont pilotées avec une grande précision de manière à ce que les déclenchements des n têtes soient simultanés et situés très près du sol, ou même carrément dans le sol, afin de maximiser les effets destructeurs. On possède des photos montrant des têtes de missiles en fin de rentrée. Elles sont extrêmement spectaculaires. Le ciel est rayé de traînées de condensation exactement parallèles qui se terminent toutes à la même altitude à très peu de chose près. Les expériences américaines de contrôle de rentrée des têtes avaient lieu à Kjwalen. Ces têtes étaient évidemment inertes. On raconte qu'un ovni se serait emparé de plusieurs d'entre elles juste avant l'impact.

Une démonstration qui serait de nature à faire réfléchir les militaires les plus endurcis.

En Union soviétique, on sait que les manifestations d'ovnis se sont intensifiées ces dernières années. Nous eûmes la surprise d'apercevoir, il y a deux ans, le croquis fait par l'un des enfants qui avait été témoin de l'approche et de l'atterrissage d'un ovni dans la ville de Voronej. On reconnaissait parfaitement sur leur dessin le sigle présent sur toutes les lettres du réseau Ummo, c'est-à-dire :)+(

Une lettre reçue en Espagne en 1989 confirma que cette manifestation émanait bien de ce groupe d'expéditionnaires. Elle avait pour but de renforcer la conviction des dirigeants soviétiques sur la nécessité de poursuivre l'effort de désarmement. Cette lettre expliquait que cet effort allait s'étendre à tous les types d'armes nucléaires, y compris aux terribles sous-marins. On sait, en effet, que les sous-marins de la classe Typhon sont de véritables Léviathans. Ils existent à la fois à l'Est et à l'Ouest et abritent un potentiel de destruction absolument effarant, évoqué par exemple dans le livre *A la poursuite d'Octobre Rouge* dont un film spectaculaire a été tiré.

Que conclure? L'effondrement économique de l'Union soviétique, tout à fait réel, est effectivement suffisant pour expliquer l'abandon des coûteux projets militaires par ce pays, sans recourir à des contacts effectués avec des extra-terrestres. Certains experts estiment même que les États-Unis, en poussant sans cesse les Soviétiques dans cette course aux armements tout en les désignant comme les responsables, seraient enfin arrivés à leurs fins en gagnant ainsi la première guerre économique de l'histoire, du moins de cette envergure. L'Ouest s'est livré, depuis des décennies, à un véritable bourrage de crâne en ce qui concerne la réalité de la menace soviétique. Nul n'a oublié ces doubles pages en couleurs des grands magazines qui montraient l'arsenal relativement modeste des Occidentaux, face à la masse écrasante des sous-marins et des missiles soviétiques, arborant éternellement une inquiétante couleur kaki, frappée de l'étoile rouge. Or, une grande partie de ces sous-marins était constituée d'engins à propulsion conventionnelle, en général bruyants et aisément détectables. Certes, les Russes n'étaient pas des enfants de chœur, mais ces présentations occidentales étaient toujours fondamentalement truquées. Maîtres ès informatique, champions de la reconnaissance de forme et de l'intelligence artificielle, les Américains avaient doté des missiles comme le Pershing d'un œil radar qui, couplé à un ordinateur, leur permettait de se centrer sur la cible, dont ils avaient l'image en mémoire, avec une précision de 80 mètres. Un engin de type soviétique, avec une précision quatre fois plus faible, nécessitait une charge seize fois plus forte pour obtenir le même effet destructeur. À propos des capacités de la défense soviétique, on se souviendra de l'inénarrable exploit du jeune Allemand Mathias Rust, qui parvint à déjouer les systèmes de détection avec un simple avion léger et à se poser sur la place Rouge en toute tranquillité.

Les deux Grands étaient-ils engagés, dès 1975, dans une course pour la détention d'un engin à antimatière? Beaucoup le pensent, depuis les révélations de Gospner. De toute manière, il est logique que les solutions mises en œuvre dans les armements changent profondément. La bombe H, aussi terrifiante qu'elle soit, ne pouvait pas éternellement rester le *nec plus ultra* en matière de destruction. L'arme à antimatière étant dix mille fois plus puissante, elle s'imposait logiquement. Gospner, dans l'article publié dans *La Recherche*, fournissait une première solution, mais il pouvait, il devait y en avoir d'autres, y compris pour synthétiser ce produit, le plus dangereux qui soit au monde puisque, par définition, toute la masse engagée était alors susceptible de se convertir en énergie suivant la relation $E = mc^2$, à travers une mutuelle annihilation avec une quantité équivalente de matière [1].

Plus impressionnante en revanche reste la qualité des informations distillées, entre 1975 et 1979, par le réseau Ummo et se référant à la « guerre des étoiles ». Quels que soient les auteurs de ces textes, ils avaient un bon accès à toutes ces questions.

Le modèle cosmologique

Écrire un livre comme celui-ci constitue une mission impossible. Comment décrire en une centaine de pages un dossier qui en compte deux mille et qui a donné lieu à de nombreux développements, enquêtes et événements? On ne peut donner que quelques coups de lampe par-ci, par-là, en éclairant certains aspects de l'affaire, soit anecdotiques, soit scientifiques. Sur ce dernier plan, il est difficile d'aller bien loin sans entrer dans des détails

1. Pour fixer les idées, 400 grammes d'antimatière équivalent à la capacité thermonucléaire totale accumulée ces dernières décennies par toutes les grandes puissances.

complexes, accessibles aux seuls spécialistes. Je vais tout de même parler de mon expérience personnelle en physique théorique et du travail que j'ai pu mener à son terme dans le domaine de la cosmologie [1].

Depuis vingt ans, les Espagnols ont tenu plusieurs congrès sur le thème Ummo, en général organisés par Rafael Farriols. Le but de ces colloques n'était pas, en vérité, la diffusion d'informations dans le public, mais une façon pour les contactés de faire réagir leur « source » lorsque celle-ci avait manifesté une trop grande période de silence. Ajoutons que ces colloques furent une occasion de diffuser une information extrêmement importante en qualité et en quantité : par l'intermédiaire du docteur Aguire, des centaines de pages furent transcrites et photocopiées, l'ensemble était mis en vente à prix coûtant et rendu accessible au premier venu [2]. J'ai participé à deux de ces réunions. Le colloque d'Alicante, en 1979, fut une foire assez inorganisée où avaient convergé plusieurs centaines de personnes. Il y avait de nombreux journalistes et les principaux contactés n'en finissaient plus de donner des interviews aux uns et aux autres. Une lettre de Ummo arriva quelques jours après la clôture de ce colloque, dans laquelle les Ummites disaient avoir séjourné sur les lieux,

1. Le fanatique de science pourra compléter son information auprès de deux sources. La première est l'annexe scientifique, assez ardue, publiée dans mon ouvrage *Enquête sur les OVNI*, la seconde est une présentation vulgarisée, mais didactique, de ce thème du modèle cosmologique de jauge, dans l'album *Le Chronologicon*, paru aux éditions Présence (il suffit, pour recevoir cet ouvrage, d'envoyer 55 F aux éditions Présence, 04200 Saint-Vincent-sur-Jabron). Quant au scientifique réellement spécialiste, il n'aura qu'à lire les textes des trois communications faites à *Modern Physics Letters A.* dont la reproduction figure *in extenso* à la fin de l'ouvrage et qui constituent en quelque sorte des « pièces à conviction ».

2. Le texte des premiers jours sur Terre vient de cette manne.

qui étaient d'ailleurs ouverts, le jour de l'ouverture du colloque et pendant à peine une vingtaine de minutes, le temps d'appareiller les différentes salles de conférence avec des systèmes ultraminiaturisés. Certains furent même posés à l'aide d'un adhésif sur des personnes dont ils désiraient enregistrer la conversation. La taille et l'apparence de ces systèmes auraient été confondues avec « des paillettes de graphite ». Les dimensions étaient précisées : la taille d'un micro-émetteur ummite est de 1,5 millimètre de large, et 0,5 millimètre d'épaisseur. Les salles de conférence avaient bénéficié de systèmes de captation d'information plus conséquents, d'une taille de l'ordre du centimètre. La lettre ajoutait qu'ils s'étaient débrouillés pour récupérer leurs gadgets le lendemain. Elle ne félicitait pas les contactés pour le niveau des discours. Les Ummites concluaient que ces rapports avaient eu un effet plus négatif qu'autre chose sur cette petite communauté, en suscitant chez certains des phénomènes de croyances et de dépendance analogues à ceux que l'on trouvait dans les sectes. Les contactés en prirent pour leur grade. Après tout, leurs mentors les avaient choisis!

Le second colloque était plus intime et se tint à Madrid. Nous y allâmes, Pastor et moi. Les gens du groupe de Madrid présentèrent les conclusions d'études qu'ils avaient réalisées, Dominguez ayant de son côté planché sur le thème de la cosmologie ummite. Je connaissais les documents en question et les données qui y étaient présentes. Je savais que l'univers était présenté comme une hypersphère à courbure négative. Cette idée, dès 1978, m'avait troublé car je pensais, comme nombre de scientifiques, qu'un univers à courbure négative devait nécessairement être ouvert, infini. En fait, en se fondant sur les travaux du mathématicien Thurston, il était clair qu'il pouvait en être autrement : un univers à courbure négative pouvait se refermer sur lui-même. Le « pluricosmos », comme l'appelaient les Ummites dans leurs rapports, devait être constitué d'un nombre infini de paires d'univers, chacune étant définie par une valeur particulière de la vitesse de la lumière c. Cette vision impliquait une variabilité de la vitesse de la lumière, d'une manière ou d'une autre. Il devait être possible à un ensemble de particules de se trouver transférées d'un de ces cadres *tridimensionnels* à un autre. Dans un autre rapport, il était indiqué que l'énergie-matière devait se conserver d'un de ces cadres à l'autre. Remarquons au passage que cette information clef, complétant d'autres documents de cosmologie, était donnée dans un texte consacré aux armes au plasma. Stratégie classique de l'éparpillement des pièces du puzzle, chère aux auteurs des documents.

Sans entrer davantage dans les détails, lors du colloque de Madrid, Dominguez fit un exposé sur les données scientifiques qui lui semblaient accessibles et qu'il avait tirées de l'ensemble des documents adressés par les Ummites. L'une d'elles concernait la relation entre la valeur du rayon de courbure de l'univers R et la valeur de la vitesse de la lumière. D'après des textes fournis par Sesma, il était dit que celle-ci devait varier inversement : quand le cosmos était « tassé sur lui-même », la vitesse de la lumière devait y être infinie. Inversement, quand il atteignait une dilatation infinie, c devait tendre vers zéro. En me basant sur des considérations de mécanique statistique, j'avais longtemps travaillé sur l'idée que le produit Rc pouvait être une constante. Dominguez me reprit en me disant :

– Non, non. La véritable loi est Rc^2 = constante.

Sur le moment, ceci m'avait complètement déconcerté. Le lecteur trouvera dans l'annexe le cheminement scientifique qui m'amena à cette relation, non pas en l'introduisant artificiellement, mais en la faisant découler mathématiquement de la variabilité de la vitesse de la lumière c dans l'équation de champ d'Einstein. Je trouvai cela en 1987 et publiai en 1988 et 1989 une suite de trois articles dans la revue *Modern Physics Letters A*. Le directeur de la revue était alors Jean Audouze, actuel conseiller scientifique de François Mitterrand et le referee fut le mathématicien aixois Jean-Marie Souriau, professeur de mathématiques à la Faculté des sciences de Marseille et ancien directeur du laboratoire de physique théorique de Marseille-Luminy, qui n'a pas spécialement la réputation d'être un expert complaisant. D'ailleurs, si un mathématicien ou un physicien trouvait quelque chose à redire sur ces travaux, je serais ravi de le voir publier dans une revue.

Je suis parti de quelques-unes des phrases ummites – le thème de la conservation de l'énergie, la variabilité de c – et j'ai trouvé les autres comme conséquences directes de celles-ci, en particulier la fameuse loi Rc^2 = constante, et le fait que la seule solution corresponde à un univers à courbure négative, ce qui levait un débat vieux d'un demi-siècle [1].

1. Un des thèmes centraux de débat de la cosmologie théorique classique, entièrement basée sur la solution, ou plutôt les trois solutions apportées par le Soviétique Friedman en 1921, concerne le signe de la courbure de l'espace-temps. Depuis cette date, les chercheurs se demandent si cette courbure est positive, négative ou nulle, en cherchant à déduire ces réponses des observations. Dans la nouvelle solution de l'équation de champ découlant des idées extraites des documents Ummo, il n'existe plus qu'une seule solution, à courbure négative.

Je prétends que les chances de lancer au hasard des données aussi contraignantes et de les voir s'agencer en un tout mathématiquement cohérent sont strictement nulles. La relativité générale, basée sur ce qu'on appelle l'équation du champ, due à Einstein, fonctionne comme un coffre à la combinaison particulièrement compliquée. Des gens comme Einstein, Robertson, Walker, ont apporté chacun un chiffre d'une équation à plusieurs solutions. Le coffre a donc diverses combinaisons décrivant les différentes facettes de l'univers. La combinaison qui ouvrait le coffre a finalement été donnée par le Russe Friedman. Toute la cosmologie contemporaine ne fait que tourner autour de cette solution, qui a émergé en 1921. Avec les renseignements ummites, j'ai pu en fournir une autre, tout aussi valable, tout aussi solide mathématiquement, collant aux observations et permettant en outre de donner un début d'explication au mystérieux phénomène des quasars.

Pas de doute, celui qui avait écrit ces documents, quel qu'il fût, savait de quoi il parlait. Et, comme je l'ai déjà dit, je vois mal un scientifique, même appointé par la CIA, s'amusant à fournir ces informations fortes, cohérentes, sous forme d'un jeu de piste s'étalant sur vingt-neuf ans, sans chercher à les exploiter lui-même.

SOS extra-terrestres

Autour de 1980, je ne me souviens plus de la date exacte, Antonio Ribera me téléphona. Il avait une nouvelle importante à me donner mais ne voulait pas le faire par téléphone. Il fit donc le voyage vers Aix. Rafael lui avait confié qu'un nouveau mode de rapport entre les Ummites et les contactés s'était instauré. Cela pouvait s'apparenter à une assistance médicale. Depuis quelque temps déjà, Rafael m'avait dit qu'une lettre ummite lui était parvenue en lui demandant s'il ne verrait pas d'inconvénient à ce que soit installé dans sa vaste maison un système complet d'écoute et de prise de vues. Pour donner son assentiment, il n'avait qu'à se rendre dans son bureau circulaire, qui dominait la propriété, et dire simplement :

– Je suis d'accord.

Ce qu'il fit. Après avoir entretenu une communication à sens unique pendant autant d'années, nos honorables correspondants fournissaient apparemment à un Terrien le moyen de s'exprimer. Farriols prit l'habitude de parler tout haut dans son bureau en posant différentes questions. Les réponses arrivaient quelque temps plus tard, toujours indirectement. Baranechea ou Dominguez recevaient une lettre où figurait la réponse. Rafael est un homme équilibré, doté d'un solide sens de l'humour. Il prit cela comme une chose naturelle et continua de vaquer à ses affaires. Un jour, Hiltrud Franz, sa secrétaire, tomba malade. Il s'agissait d'une maladie assez grave, un type de cancer qui mettait les jours de sa collaboratrice en danger à assez brève échéance. Rafael alla dans son bureau et dit à voix haute :

– Faites quelque chose, je vous en supplie. Cette situation m'est par trop insupportable.

Ribera me raconta ensuite que les Ummites avaient carrément rendu visite à celle que l'on appelait familièrement « Lou » et la soignèrent à leur façon. Elle guérit. Il ne s'agissait évidemment que d'une histoire de seconde et même de troisième main. Lors d'un dîner à Madrid, bien des années plus tard, Lou me confirma cette histoire. En face de nous se trouvait l'un des membres du groupe, Jordan Peña, assez âgé, qui semblait avoir quelques difficultés à parler. Je l'avais connu en meilleure forme. Et Lou de me dire :

– Ce n'est rien à côté de l'état dans lequel il se trouvait il y a quelque temps, quand il a eu son attaque. Les médecins avaient dit à sa femme qu'il était fichu et qu'il n'arriverait jamais à récupérer l'usage de la parole et à remarcher. Maintenant ça va, il a une canne et, mon Dieu, « ils » nous l'ont bien récupéré.

– Mais qui ça « ils »?

– Les Ummites. Ils sont venus le voir et l'ont soigné. Ils lui ont dit qu'ils iraient progressivement, pour que ce rétablissement ne paraisse pas trop anormal aux yeux des médecins espagnols.

Je ne peux rapporter que ce que j'ai entendu. Il se dessine une composante de l'attitude générale du membre d'un tel groupe. C'est l'aspect assistance médicale. Tout le monde vieillit et, passé la cinquantaine ou la soixantaine, tout peut arriver : cancer, problèmes cardiaques, etc. Si les Ummites étaient intervenus une fois, ils pouvaient le faire encore. « Tu penses, me disait Lou, ils ont tellement investi avec nous qu'ils ne tiennent pas à nous voir disparaître comme cela. » Telle était sa conviction. J'étais sans idée face à tout cela.

J'avais décidé une fois pour toutes, et Jean-Jacques de même, de me limiter à l'analyse du contenu des messages. Nous cherchions ce qui nous semblait intelligible et rien de plus. J'avais accumulé les résultats scientifiques inspirés par ces textes et je les avais publiés. Nous en restions là.

L'affaire de l'aéroport de Vienne (1985)

Dans une lettre arrivée un jour en Espagne, les Ummites parlaient d'un événement dramatique auquel ils venaient d'être mêlés. Apparemment, un groupe d'expéditionnaires portait un intérêt particulier à la ville de Jérusalem [1] et voyageait assez fréquemment sur la compagnie israélienne El Al. Lorsque des Palestiniens, constitués en commando suicide, firent irruption dans l'aéroport de Vienne armés de kalachnikov et ouvrirent le feu sur une file de passagers de la compagnie israélienne, les policiers répliquèrent. La tuerie fut épouvantable. Les Ummites pouvaient prévoir beaucoup de choses, mais pas ce genre d'événements. Deux des leurs furent sérieusement blessés. Fort heureusement, leurs camarades avaient pu les récupérer en se faisant passer pour médecins. Ils auraient couru le risque sinon de voir les médecins autrichiens découvrir leur véritable identité.

Comme dans l'affaire d'Albacete, était-ce vrai ou ne s'agissait-il que de la récupération d'un fait divers pour construire une nouvelle fable ? Nous ne pouvons le savoir. Il aurait fallu se rendre sur place, avoir accès à la liste des passagers en attente, à celle des blessés, pouvoir consulter les rapports des gendarmes. Je prélève cette histoire au milieu de beaucoup d'autres à cause d'une

1. Nous sûmes plus tard qu'ils effectuèrent des recherches archéologiques très poussées dans toute la Palestine.

remarque qui m'avait fait sourire. Les auteurs de la lettre disaient que « ce n'était pas avec des méthodes de ce genre que les Palestiniens pourraient résoudre leurs problèmes ».

L'implantation ummite sur notre planète n'était donc pas dépourvue d'une certaine vulnérabilité

Rappelons-nous les débuts de cette histoire. Un groupe d'expéditionnaires, habitant la région de Madrid, décide de fournir à un ésotéricien passablement allumé, Fernando Sesma, une masse importante de documents, de rapports. Celui-ci les intègre à une masse confuse d'intuitions télépathiques, d'élucubrations personnelles et, si l'on en croit la prose ummite, d'au moins un contact réel avec une autre ethnie extra-terrestre.

Que trouvons-nous dans ces premières lettres? L'annonce d'un contact proche avec les gouvernements de la Terre. Tous ces documents, éparpillés aux quatre coins de la planète, constitueraient les pièces d'un gigantesque puzzle de 6 000 pages. Interdiction était faite aux groupes des différents pays de se mettre en rapport les uns avec les autres, sous peine de se retrouver « hors jeu », c'est-à-dire privés de lettres et de rapports. Les contactés étaient simplement détenteurs d'une partie des pièces du puzzle et les Ummites annonçaient tranquillement que, lorsque le moment viendrait, il suffirait de mettre ces différents groupes en rapport les uns avec les autres pour que l'information globale devienne enfin lisible, du moins par quelques scientifiques de pointe, capables de la décrypter. Du matériel datant de la première expédition aurait été aussi laissé, à dessein, dans la fameuse grotte de la région de Digne et servirait au besoin de preuve irréfutable au moment où les expéditionnaires décideraient de révéler leur existence, ou du moins la réalité du contact, à des représentants des différents gouvernements.

Tout cela correspondait à la période 1962-1973, en gros. Puis, au fil des années, toujours selon leurs textes, les Ummites se débrouillèrent pour infiltrer les états-majors des principales puissances en utilisant des sondes ultraminiaturisées. Et leur prose traduit leur effarement. Les lettres que les Espagnols reçurent à partir de 1975 répétaient sans cesse : « Vous êtes dirigés par des fous dangereux. La plupart des responsables de ce monde sont de véritables malades. L'égoïsme, le cynisme et l'inconscience des états-majors des grandes puissances dépassent tout ce que vous pouvez imaginer. »

Il aurait fallu vingt bonnes années aux Ummites pour arriver à un tel constat. Nous avons souvent cherché à savoir quel était exactement l'effectif de ces expéditionnaires. À les en croire, il semble que leur escouade n'ait jamais excédé en moyenne quelques dizaines d'individus et qu'elle se soit parfois réduite à quatre. Pour surveiller une planète, cela semble peu. Il y eut également une époque où les Ummites disent avoir levé le camp. Dans une dernière lettre, ils annoncent : nous quittons la Terre sans espoir de retour. Après une alerte à la guerre nucléaire où ils avaient, comme d'habitude, calculé la probabilité des événements, c'est-à-dire celle que nous nous autopulvérisions, qui était alors de 28 %, ils avaient décidé de quitter un terrain d'étude aussi instable et déclaraient nous abandonner tout simplement à notre triste sort. Fausse sortie. Deux ans plus tard, les documents affluaient de nouveau (ceux qui sont précisément relatifs aux armements). Puis il y eut de nouveau une phase de silence. Les Espagnols organisèrent un nouveau colloque (celui d'Alicante) et la machine se remit en marche, plus déconcertante que jamais.

Approche de la psychologie des auteurs des documents

Quand on lit les textes ummites, on ressent une impression de malaise. Je ne parle pas de la floraison de cryptoglyphes ou de phonèmes, du défilement agaçant d'une masse de choses que l'on ne comprend pas. Cent fois on est tenté de dire : « Mais pourquoi ne pas dire les choses simplement? » Bien sûr, il reste toujours la solution consistant à imputer l'ensemble à un schizophrène particulièrement prolifique ou à des services secrets ne lésinant pas sur les moyens. Personnellement, cette hypothèse ne me convainc pas, à cause des informations scientifiquement opératoires que contiennent ces rapports. On est alors tenté de chercher à cerner la personnalité de celui ou de ceux qui écrivent de tels textes.

L'humour en est totalement absent. Les Ummites précisent qu'ils ne possèdent ni arts plastiques ni art musical. D'après leurs descriptions, il est clair que le concept d'art architectural est pour eux lettre morte. En dépit de l'évocation de la qualité gustative d'une queue de bestiole rôtie, cuisinée sur leur fichue planète, on serait tenté de dire que l'art culinaire leur est également étranger. Possèdent-ils un art littéraire?

Or, l'art est l'expression même de l'imaginaire. Le langage utilisé par les Ummites correspond, disent-ils, à un double codage, sémantique et fréquentiel. Bref, deux types de discours peuvent être simultanément codés dans une même conversation. Ce peut être extrêmement performant quand ce discours a trait à la cosmologie. En effet, le modèle cosmologique ummite navigue en pleine dualité. L'univers est sans cesse double, il possède un « frère jumeau » où le temps s'écoule à rebours, qui est « rétrochrone ». De plus, quand un objet est « droit » dans notre versant d'univers, là-bas il devient « gauche », énantiomorphe, en miroir. L'image la plus commune d'un objet orienté est celle du tire-bouchon, qui n'est pas identique à son image dans un miroir.

On s'aperçoit de suite que notre langage est inadéquat pour prendre en charge une telle « réalité ». S'agissant du temps, nous clignotons lamentablement d'une orientation passé-futur à son inverse futur-passé. De même, nous ne pouvons pas imaginer *simultanément* un tire-bouchon et son image en miroir.

Or, leur fameux langage permet de telles acrobaties, une telle simultanéité de *pensées*. Je mets délibérément ce mot au pluriel. Il permet d'embrasser une réalité bisynchronique, une lecture du réel dans les deux sens du flux temporel. Il est possible que ceci soit un progrès essentiel en matière de science. Il est même dit dans leurs textes que « tant que nous n'aurons pas opéré cette nécessaire révision du langage, nous ne ferons aucun progrès dans les sciences ». Certes, mais un langage est à l'image de celui qui parle. Hubert Reeves répète sans cesse que l'univers est structuré comme un langage. Mais celui qui parle n'est-il pas structuré comme son propre discours? Or, chez les Ummites ce bilangage ne sert pas qu'à la physique. Ils disent l'utiliser pour faire passer deux messages à la fois, pour parler simultanément de deux choses différentes. Des professeurs peuvent ainsi donner des cours de géographie-chimie, dans la même heure, à la même seconde.

Nous avons deux hémisphères cérébraux et c'est la même chose pour les auteurs des documents. Nous pensons que le cerveau gauche se consacre à la pensée logique, rationnelle, langagière et que le cerveau droit est plus tourné vers l'intuition, les images, l'imaginaire, ce que nous pourrions appeler notre irrationnel. Qu'en est-il pour les Ummites? Comment gèrent-ils leur masse encéphalique? Les deux hémisphères ne seraient-ils pas sous le contrôle du rationnel?

Nous possédons aussi un bilangage, une pensée double. Dans nos propos s'expriment à la fois le conscient et l'inconscient. Nos phrases, nos écrits contiennent tout un pan obscur, caché, crypté. L'art est un des modes d'expression, de cryptage, de ce versant d'inconnu qui nous habite. Nous avons besoin de l'art pour l'exprimer. Il fait partie intégrante de l'ensemble de notre langage. Bref, nous avons un imaginaire puissant et actif. Dans les textes Ummo, les images sont rarissimes, quasiment absentes. Tout est mis en évidence, tout est « à plat ». L'image elle-même est codée. Leur langage écrit, disent-ils, n'est pas alphabétique, mais représente un mélange d'expressions alphabétiques et d'idéogrammes. Les dessins des Ummites sont nuls. Récemment, en Espagne, j'avais tenu à ce que Rafael sorte de son coffre quelques originaux, datant de

1965, portant des illustrations de la main même des auteurs. On y sent une maladresse extrême. Les courbes sont une succession de segments tracés à la règle. La réaction de ma fille Déborah fut immédiate : « Qu'est-ce qu'ils dessinent mal, ces types! »

Leurs ordinateurs sont le pendant de leur langage. Ils ne sont ni digitaux ni analogiques, ils sont les deux à la fois. Historiquement, nous avons développé ensemble ces deux types de machines, mais le digital, pouvant s'associer à un langage de programmation, a vite pris le pas, en règle générale, sur l'analogique. On dirait qu'il existe une nouvelle similitude entre la forme verbale d'expression, le mode d'écriture, le mode de pensée et la structure des ordinateurs. Partout les choses sont mises à plat, rationalisées. On mange pour se nourrir, pour fournir au corps les protéines dont il a besoin. On tue parce qu'il le faut. On fait l'amour pour traduire une réalité biologique et métaphysique, pour obéir à une loi de la nature. Rafael possède des documents sur la vie sexuelle des Ummites, qui semble totalement dénuée du moindre fantasme. L'arrivée de ces rapports est en soi révélatrice. Il reçut un jour une lettre qui commençait par :

– Comme vous vous intéressez beaucoup à la vie sexuelle, nous avons décidé de vous envoyer un rapport concernant cette partie des activités sur notre planète.

Suivait un exposé aussi ennuyeux qu'une note technique sur le chauffage domestique.

Ces gens ont-ils un inconscient, un imaginaire? Rêvent-ils? Si la réponse était non, comment pourraient-ils nous comprendre? Ils ont fait des bévues remarquables et des erreurs d'évaluation étonnantes sur des individus. L'irrationalité humaine semble toujours les surprendre. Dans leur lettre de janvier 1991 ils avaient l'air assez déconcertés par les hommes politiques de certains pays africains qui échappaient, disent-ils, à toute analyse, à toute prévision « parce qu'ils pouvaient le même jour penser quelque chose le matin et faire rigoureusement le contraire l'après-midi ». Un tel étonnement, après une présence de quarante années sur notre sol, doit être révélateur de quelque chose. Il n'est pas possible d'être aussi ingénu, à moins de posséder un cerveau différent, d'être dénué de ce que nous appelons l'intuition. Quand il se trompe sur un Terrien, l'Ummite doit se gratter la tête en se disant : « Pourtant le sondage encéphalique et l'analyse donnée par l'ordinateur avaient conclu que... »

L'irrationalité semble être absente de la pensée ummite. On est en plein *Meilleur des Mondes*, sans qu'il soit même nécessaire de recourir au soma. Même la métaphysique est rationalisée et ressemble à une notice technique. La révolte est absente ou se trouve traitée comme une pathologie. L'éducation est présentée comme un conditionnement pavlovien. Le bien-être est à ce prix.

Rafael, à leur propos, parlait d'« une autre logique ». Il n'a peut-être pas tort et cette différence serait encore plus vertigineuse que celle de nos technologies. La différence concernant le « soft » serait encore plus extraordinaire. Quant au dialogue, autant discuter avec une fourmilière...

La nuit à l'hôtel de Madrid

Jean-Jacques et moi fûmes convoqués pour une espèce de réunion extraordinaire qui devait se tenir à Madrid, en 1985. Les Ummites avaient stipulé dans un courrier que notre présence était souhaitée. Le groupe des contactés était en effervescence. De nouvelles informations arrivaient. Dominguez avait publié un livre à compte d'auteur, regroupant ses réflexions sur les documents qu'il avait consultés depuis vingt ans, mais les Ummites l'avaient jugé sans complaisance et le pauvre était catastrophé. Personnellement, j'avais eu plus de chance et mes travaux avaient été évoqués avec chaleur dans ce courrier et dans des échanges téléphoniques. Je trouvais la chose profondément divertissante. Si c'était vrai, alors que je connaissais des difficultés sans nom en France pour mes travaux scientifiques, j'avais la cote auprès des extraterrestres. C'était mieux que rien.

Jean-Jacques et moi nous rendîmes donc à cette convocation et fûmes logés dans un hôtel de première catégorie, à Madrid même. Le premier jour se réduisit à une attente interminable. Nous n'avions rien de particulier à faire dans la capitale. Nous allâmes nous promener quelques heures dans les environs. C'était l'anniversaire de la mort de Franco. Les rues étaient pleines de phalangistes semblables à ceux des dessins de Cabu. Des jeunes parcouraient les rues sur des motos ou des voitures, portant des drapeaux jaunes frappés de la croix gammée. Ici et là stationnaient des policiers qui avaient amené leurs chevaux dans de grands véhicules et qui attendaient les événements. Jean-Jacques finit par me dire :

– Regarde la tête que j'ai. Si ces phalangistes nous trouvent, qui nous dit qu'ils ne vont pas nous passer à tabac? Je crois qu'on devrait rentrer à l'hôtel. Imagine que la police nous prenne dans une altercation et nous demande ce que nous fichons à Madrid le jour de l'anniversaire de la mort de Franco.

Jean-Jacques n'avait, en effet, pas précisément une tête de phalangiste. Nous retournâmes nous cloîtrer dans la chambre. Une réunion eut lieu le lendemain dans une grande salle de l'hôtel. Les principaux contactés étaient présents, ainsi qu'une faune hétéroclite et indescriptible. Il y avait une fille qui racontait à qui voulait l'entendre qu'elle était fille d'extra-terrestre, assertion hélas invérifiable. On trouvait également dans la salle des représentants de différents groupes métapsychiques, plus un nombre important de dames d'un certain âge, habillées avec recherche et appartenant visiblement à la haute société madrilène.

Le texte que lurent les contactés comportait deux volets. La première partie faisait état d'un courrier qu'ils venaient de recevoir, où il leur avait été demandé de tenir une telle assemblée. À cette occasion, nous pûmes assister à une magnifique opération de désinformation, qui nous avait été annoncée la veille. Rafael Farriols lut devant cette assistance hétéroclite une déclaration qui avait été adressée par le même courrier et qu'on lui avait demandé de présenter. Les quatre principaux contactés : Farriols, Dominguez, Aguire et Barranechea, déclaraient conjointement, vingt-cinq ans après la réception des premiers documents, qu'ils n'avaient jamais cru à leur origine extra-terrestre. Or, nous savions pertinemment que ce n'était pas vrai. Cette lecture eut un effet immédiat. À la pause, la salle se vida aux trois quarts et beaucoup de gens partirent de méchante humeur en disant que c'était un scandale de les avoir abusés de la sorte pendant tant d'années. Nous, qui connaissions les ficelles de l'opération avant qu'elle ne soit mise en œuvre, étions sidérés de la manière dont on s'était débarrassé d'une masse de gens aussi facilement. Quel que soit l'auteur de cet envoi, il avait créé un phénomène puissant et réel, avec une facilité déconcertante. Plus que jamais, Jean-Jacques et moi nous nous demandions qui tirait les ficelles de cette histoire et pourquoi.

La suite n'est que notre propre témoignage. Elle comporte deux parties. La première peut être ramenée à quelque chose d'onirique, c'est vrai : il est impossible de dire qu'il ne s'agit pas d'un simple rêve. Mais nous sommes absolument formels sur le second fait.

La nuit que nous passâmes dans cet hôtel de Madrid fut pénible. L'air conditionné ne marchait pas et nous avions été obligés de laisser la fenêtre ouverte. En pleine nuit, je me réveillai. Moi qui suis si frileux, je me retrouvai nu sur le lit, couvertures rabattues. En face de moi j'aperçus des hommes en train de vaquer à je ne sais quelles opérations, éclairés par une lumière émanant de lampes sourdes. Je ne pus voir que ceux qui passaient au pied de mon lit car je me sentais complètement paralysé. J'étais incapable de tourner la tête pour voir ce qu'il en était de Jean-Jacques, qui dormait sur le lit jumeau voisin du mien. Un des hommes se retourna et eut une expression qui semblait signifier :

– Zut, voilà l'autre idiot qui se réveille, rebalance-lui un peu d'anesthésique.

J'ai déjà été anesthésié par du Penthotal. L'impression était la même. En peu de temps, je sombrai dans l'inconscience. Le lendemain matin, je racontai cette histoire – ou ce rêve – à Jean-Jacques. Il avait un mal de crâne épouvantable. J'avais quant à moi l'impression qu'on m'avait passé l'urètre au papier de verre [1]. Tout ceci se dissipa. Nous rejoignîmes nos amis espagnols pour de nouvelles discussions. Il y eut dans les heures qui suivirent des faits dont nous sommes absolument sûrs. À l'époque je venais d'acheter un superbe blouson de daim marron. J'en prenais grand soin. Soudain, sur le revers gauche, je distinguai quelque chose qui ressemblait à une tache de laque beige. C'était rond; cela mesurait 2 millimètres de diamètre et un peu moins d'un millimètre d'épaisseur. Je me dis aussitôt : « Mais où es-tu passé pour recevoir cet éclat de peinture? »

J'essayai d'arracher cette « goutte de laque » de mon blouson en tirant fortement avec mes ongles, sans succès. Je me dis : « Quand tu seras rentré à Aix, tu l'écraseras avec une paire de pinces et le reste partira en poussière, inutile d'insister et de faire un trou dans le daim. » Je rejoignis nos amis espagnols et n'y pensai plus. Quelques heures plus tard, en revenant dans la chambre, je constatai avec surprise que la goutte avait disparu sans laisser la moindre trace. J'enregistrai simplement l'événement, sans y prêter plus d'attention. Notre visite à Madrid prit fin. Pour la première fois depuis dix ans, Dominguez, qui

1. Les sondages encéphaliques, les analyses et examens divers de contactés sont une pratique courante dans le réseau Ummo.

avait eu de longues conversations téléphoniques avec les Ummites dans les semaines précédentes, avait cessé de voir en moi un espion de la CIA. C'était un progrès. Lou m'avait rapporté le contenu de certaines de ces conversations. Dominguez avait dit un moment à son interlocuteur :

– Mais qu'est-ce que c'est qu'un trou noir?

L'autre avait répondu très vite :

– Ça n'existe pas. Lorsqu'une étoile à neutrons dépasse sa limite de stabilité, elle implose et sa masse est transférée dans la structure gémellaire.

Nous reviendrons sur cette phrase, en particulier dans l'annexe scientifique. Elle se mit à me trotter dans la tête. Jean-Jacques et moi nous nous retrouvâmes à l'aéroport de Madrid, attendant notre avion. Je lui racontai l'incident de la goutte de laque.

– Hein!? Mais j'ai eu la même chose sur mon chapeau. J'ai essayé de tirer dessus comme un âne et ça n'est pas venu, alors j'ai fait comme toi. Je me suis dit que je m'occuperais de cela à Digne. Puis le truc est parti quelques heures après, quand je suis revenu dans la chambre.

– De quelle couleur était-ce?

Jean-Jacques désigna la table en plastique de l'aéroport. Elle était du même beige que ma « goutte de laque ». Apparemment, il avait bénéficié d'un équipement plus sophistiqué. Placée sur le galon de son chapeau, comme un véritable troisième œil, cette pastille avait bien, selon son témoignage, 5 millimètres de diamètre. J'avais peut-être été doté d'un micro-émetteur et Jean-Jacques d'une mini-caméra vidéo. Quoi qu'il en soit, nous sommes formels sur cette partie de l'histoire. Nous l'avons vu de nos yeux et bien vu. Quand l'avion décolla, je dis à Jean-Jacques :

– Alors, il ne te gêne pas trop, ton implant crânien?

– Arrête tes conneries. Et puis, somme toute, si des choses comme cela devaient se produire, avoue que nous l'aurions bien cherché, non?

J'étais de son avis.

Les lamelles de polyvinyle

Des années auparavant, j'avais reçu à mon domicile un paquet contenant une lamelle de matière plastique. Elle était accompagnée d'un carton argenté portant le nom d'une société parisienne « spécialisée dans les applications de l'espace ». Comme il y avait une adresse j'écrivis aussitôt à l'endroit indiqué en mettant simplement : « Bien reçu l'objet, mais vous avez oublié le mode d'emploi. »

Cette adresse se référait à une rue qui n'existait pas. La société non plus. Tout cela me laissa perplexe. Longtemps après, les Ummites expliquèrent la raison de la dispersion, au moment de l'incident de San José de Valdeiras, des mystérieux tubes contenant ces lamelles de matière plastique analogues à celle que j'avais reçue. Ces lamelles contenaient des molécules porteuses d'atomes radioactifs, émettant des neutrons pendant une quarantaine d'heures. Passé ce laps de temps, l'objet devenait une matière plastique tout à fait ordinaire. Ce procédé leur permettait de suivre les objets à la trace pendant tout ce temps, sans doute pour savoir ce que les gens qui les avaient trouvés en feraient et quels pourraient être leurs liens avec des services d'analyses spécialisés, éventuellement liés aux militaires. Dans mon cas, comme dans celui des Espagnols en 1967, l'objet resta tranquillement sur ma cheminée, jusqu'à ce qu'il se trouve égaré.

Souvenirs ou rêves

Il y a eu depuis deux autres affaires dans le genre de celle de Madrid. Comme je me suis promis de tout raconter dans ce livre, finissons-en avec ce type d'anecdote. Rêve ou réalité, je n'en sais strictement rien et à vrai dire cela m'indiffère. La seconde affaire a pour décor ma maison de Pertuis et se situe en 1989. Un après-midi je me suis senti pris d'une terrible envie de faire la sieste. Dans la région, ça ne paraît pas anormal. J'ai donc dormi tout l'après-midi. Quand ma femme est rentrée, je me suis dévêtu et elle a tout de suite remarqué quelque chose dc bizarre à une dizaine de centimètres de mon nombril.

– Qu'est-ce quc tu as? Tu t'es blessé?

– Non.

J'avais sur le ventre une plaie fine dont la cicatrisation semblait très avancée, de 3 centimètres de longueur, à peu près horizontale. Tout autour il y avait un bleu, très foncé. On aurait dit deux demi-lunes, symétriques par rapport à la cicatrice. C'est exactement ce qu'on aurait obtenu en pressant un tuyau de 4 centimètres de diamètre sur la peau, très fortement, pour bloquer la circulation du sang. La forme était régulière et symétrique. Il n'y avait aucune trace sur ma chemise. Je n'avais pas la moindre idée de la façon dont j'avais attrapé cela. Il aurait fallu que je me cogne vraiment fort sur quelque chose, or je n'en avais pas le moindre souvenir. Il aurait fallu également un choc frontal sur un objet à la fois contondant et creux, sinon cela aurait eu une forme d'estafilade. Il y avait des lustres que je n'avais pas fait de travaux de jardin ou de sport. Et il y avait cette cicatrice, qui avait l'air de dater de plusieurs jours. Je n'avais pas cette blessure la veille et ma femme, à qui rien n'échappe, était du même avis. La croûte tomba assez vite et le bleu s'estompa, en quelques jours. J'avoue que je n'y prêtai guère attention.

La seconde histoire date de juillet 1990. Nous étions allés tous les trois, ma femme, ma fille et moi, séjourner chez Rafael, dans sa propriété près de Barcelone. Un soir, nous étions seuls dans la maison. Farriols et sa femme étaient sortis en ville. Je dormais à plat ventre sur mon côté du lit, les bras passés sous l'oreiller. Soudain, j'eus l'impression de me réveiller, la pièce étant emplie d'une faible lumière. La première chose que je vis fut une paire de pieds chaussés de sortes de ballerines bleu marine, de petite pointure. J'opterais pour une pointure de femme. Les jambes semblaient recouvertes d'une sorte de collant assez serré, de même couleur. Ma première réaction fut de me dire : « Ça ne va pas recommencer comme à Madrid ! »

Je n'eus guère la possibilité de réagir. Une pression assez forte s'exerça sur l'oreiller, immobilisant complètement mes deux bras et je me sentis paralysé, comme quand on met le doigt dans une prise de courant. Ce n'était pas agréable, mais je ne pouvais plus faire un geste. Je sentis un picotement dans l'oreille, et une drôle de sensation, comme si on m'enfonçait une tige à travers le tympan, assez profondément dans l'intérieur de la tête. Comme je ne pouvais pas bouger, je choisis de prendre la chose avec philosophie. Puis cet état sembla se dissiper. Mon idée fut donc, puisque l'obscurité semblait être revenue dans la pièce, d'envoyer mon bras droit en fauchage pour attraper ces jambes que j'avais vues devant moi. Si l'affaire était réelle, il me déplaisait de servir de cobaye. Je n'eus pas le temps d'esquisser un geste. La pression sur l'oreiller se fit très forte et bloqua tout mouvement et je sentis de nouveau cette chose étrange qui me paralysait complètement au point que je sombrai dans l'inconscience.

J'eus l'impression de me réveiller quelques instants plus tard. J'allumai la lampe de chevet. La pièce était vide. Que faire? Je regardai le réveille-matin. Il indiquait 1 h 55. Ma femme se réveilla lentement et je lui contai mon rêve-souvenir ou souvenir-rêve. Elle me regarda avec des yeux ronds, mais s'aperçut soudain qu'elle avait tout le côté gauche paralysé. Elle ne pouvait plus bouger ni le bras ni l'épaule et cela lui était assez désagréable. L'impression se dissipa lentement.

Je n'ai rien d'autre à dire de ce genre. Bien sûr, je connais la puissance de réalité des rêves. Il y a des choses que l'on croit avoir vécues et qui n'ont de réalité qu'onirique. Pour que mon témoignage soit complet, je pense que je me devais de raconter cet épisode. J'ajouterai que ces expériences ne me causèrent aucun effet particulier, ni angoisse ni bien-être. Elles me laissèrent simplement perplexe. Depuis cette date, il ne s'est plus rien produit de ce genre.

Je repensai à l'histoire de la ferme, dans les années

cinquante. Les histoires de ce genre abondent dans les dossiers ovnis. Si cela est vrai, il n'est pas agréable de servir de terrain d'expérimentation à des gens qui ne prennent même pas la peine de se présenter. Est-ce que le meilleur piège à extra-terrestre ne serait pas un bon piège à souris placé en plein milieu de la pièce, ou plus simplement, comme le suggérait un jour mon vieil ami Claude Sélig, un parquet très bien ciré?

Les conversations téléphoniques de 1989

Autour de 1989, une masse de contacts téléphoniques eurent lieu entre les Espagnols et les Ummites. J'ai pu consulter, chez Rafael, quelques notes prises pendant ces échanges. Étaient intéressés au premier chef Rafael et ses amis Dominguez et Barranechea. Ce qui était nouveau c'est qu'il y avait cette fois un réel dialogue. Pendant plus de vingt-cinq ans la communication avait été à sens unique. Les Espagnols recevaient des lettres, des rapports, et plus rarement des coups de téléphone qui étaient relativement brefs et contenaient des consignes, des avertissements, des informations ou des indications diverses. Rafael essaya à plusieurs reprises de brancher son système d'enregistrement téléphonique, à chaque fois son interlocuteur prévint son geste en disant : « Non, n'enregistrez pas. » À la fin Rafael finit par renoncer.

Ces communications téléphoniques duraient parfois, selon Rafael, pendant des heures et des heures. Les appels avaient lieu tard dans la nuit. Souvent lui et Barranechea étaient en double sur la ligne. Les sujets abordés étaient extrêmement variés, mais les réponses tombaient toujours sans le moindre temps de retard, avec la sobriété et la concision habituelles.

S'il y a une chose dont j'étais sûr, c'est qu'il y avait derrière tout cela plus qu'une petite bande d'étudiants de la Faculté des sciences de Madrid. Étant scientifique, j'avais simplement fait mon travail, c'est-à-dire de l'analyse de contenu. Je m'étais contenté de jouer avec les pièces du puzzle, du moins celles sur lesquelles il me semblait que j'avais une prise quelconque. Il restait une masse de choses qui n'entraient pas dans mon domaine de compétence, lequel se limitait à la mécanique des fluides ionisés et à la cosmologie théorique.

Farriols ne ressemble pas à quelqu'un de naïf. Le mathématicien Chasles avait, je crois, acheté des lettres de Cléopâtre à César, ou l'inverse. Je sais aussi qu'il y a des entreprises, dans tous les pays, qui donnent à fond dans le New Age et appointent des gourous. Tout ce que j'ai à dire, c'est que j'ai joué avec les pièces d'un énorme puzzle, franchement bizarre, et que certaines de ces pièces m'ont paru stimuler la réflexion scientifique et s'assembler de manière intelligente et originale. Tout cela ne vient peut-être que de mon imagination, mais j'en doute. Je ne crois pas que j'aurais imaginé deux flux temporels inverses et des univers en miroir (énantiomorphes). Je n'aurais pas non plus été aussi loin en MHD si les documents ne s'étaient pas comportés comme une sorte de support. Je me souviens que le mathématicien et académicien André Lichnérowicz avait dit un jour : « Les ovnis n'existent pas, mais Jean-Pierre Petit a tellement d'imagination qu'il finira par les inventer ! »

Dans ces années 1988-1989, les contacts reprenaient.

Les contenus étaient parfois assez rocambolesques. J'ai eu récemment une conversation avec Rafael :

– Que penses-tu de l'évolution actuelle de l'affaire?

– Il y a des lettres de ces dernières années qui me paraissent découler d'une certaine démarche d'autodiscréditation.

– Tu veux dire que le réseau serait en train de se replier sur lui-même en lâchant un nouveau nuage d'encre, tel un poulpe?

– Un peu. Mais il reste le contenu de ces coups de téléphone de 1989. Là, je reste très impressionné par la rapidité et la précision des réponses.

– Tu penses qu'au cours de ces coups de fil la « source » se manifestait de nouveau, indépendamment de tout parasitage ou d'opération de désinformation?

– Je pense que oui.

Nous allons choisir une information dans la constellation colorée de celles qui passèrent lors de ces échanges téléphoniques. Les Ummites, continuons de les appeler ainsi, répondirent aux Espagnols à propos du sida. Ils expliquèrent que ce virus aurait été créé par manipulation génétique dans un laboratoire américain du Minnesota. Ces recherches auraient débuté très tôt. Comme il n'aurait pas été possible d'expérimenter sur le territoire américain, les États-Unis auraient passé un accord avec le Zaïre, qui aurait fourni un vaste terrain. Le but aurait été de tester des modèles de contamination pour des virus mutants et l'idée générale, inspirée sans doute de la guerre du Viêt-nam, était de rechercher des souches virales attaquant une population plutôt qu'une autre. Une arme raciale, en quelque sorte. Pour se faire la main, les chercheurs auraient manipulé des souches virales bricolées à l'aide de micro-ondes pulsées et les auraient expérimentées sur des singes. Et puis les choses auraient mal tourné. Les gardiens zaïrois auraient laissé échapper des animaux, qu'ils auraient eu un mal fou à récupérer. Les hommes auraient été blessés lors de cette opération et de là serait partie la contamination de l'homme, car bien entendu, personne n'avait prévu que ce virus simien pouvait faire de tels ravages sur l'espèce humaine. Si tout cela est vrai, il existerait sur Terre une poignée de chercheurs, qui ont peut-être toujours pignon sur rue, dont les talents de bricoleurs seraient la cause de l'équivalent d'un génocide.

J'avoue que j'en avais appris de belles dans ces documents, depuis 1975. Mais cela dépassait l'entendement. On comprend l'attitude de ces Ummites qui s'étaient toujours refusés à donner la moindre indication sur le traitement de maladies comme le cancer, en répondant invariablement :

– Celui qui saurait mettre en œuvre une telle thérapeutique, que nous pourrions aisément vous fournir, pourrait également provoquer la maladie [1].

Refermons cette partie du dossier en nous disant que, décidément, les hommes sont vraiment capables de faire n'importe quoi.

1. Les micro-ondes pulsées en basse fréquence sont cancérigènes. Certaines grandes puissances ont étudié des armes exploitant cette propriété.

La petite phrase sur les trous noirs

À chaque fois que j'entendais quelque chose ou que je notais quelque chose dans ce dossier Ummo, j'essayais d'y réfléchir. Le thème des univers gémellaires avait provoqué un premier travail, en 1977, qui m'avait paru intéressant. Puis en 1987-1988, j'avais soudain mis ensemble les pièces du puzzle concernant la variabilité de la vitesse de la lumière. Restait cette petite phrase glissée par l'Ummite de service dans l'oreille de Dominguez : « Les trous noirs n'existent pas... »

C'était vraiment à rebours de toutes les idées véhiculées depuis des années en matière de cosmologie. Je me souviens d'une interview d'un chercheur, directeur du laboratoire de cosmologie théorique et de gravitation, à Paris. Il disait :

– Bien qu'on n'ait jamais eu jusqu'ici de preuve formelle de leur existence, personne ne doute plus aujourd'hui de l'existence des trous noirs.

J'ai rejoint la cohorte de ceux que ce modèle ne convainc pas. Mathématiquement, c'est une véritable chimère. L'astrophysicien français Jean Heidmann disait, je crois : « Quand il s'agit de trous noirs, il faut laisser son bon sens au vestiaire. » Je ne suis pas sûr qu'il ait raison.

La relation homme-univers dans les textes Ummo

Dans les rapports reçus par Sesma, il y avait des informations sur lesquelles je m'étais trouvé, en tant que physicien, incapable de travailler ou d'émettre un avis quelconque. J'avoue que lorsque j'étais tombé sur ces passages, il y a une douzaine d'années, j'avais eu une réaction de rejet. Ces textes abordaient des questions que l'on pourrait qualifier de métaphysiques. Rationaliste aux chaussures de plomb, je ne m'intéressais guère à cette partie du dossier. Je n'avais aucune croyance, du moins c'est ce que je pensais (j'ai fini par comprendre bien des années plus tard que la science elle-même n'était, comme tout discours, qu'un système organisé de croyances [1]). L'au-delà, la raison suffisante de la présence de l'homme dans l'univers, ne me préoccupaient pas. J'étais ce qu'on pourrait appeler un technicien de la science, vivant au jour le jour mes plaisirs, mes déplaisirs, mes sentiments et mes réflexions. Par la suite, les choses ont changé, pour deux raisons. La première est que ces questions sont progressivement montées à la surface de mon esprit, au fil des années. Sur un simple plan intellectuel je trouvais que les réponses apportées par la science étaient remarquablement inexistantes. La seconde fut la mort de mon fils Jean-Christophe, âgé de vingt-trois ans, qui se tua en apnée. Ce fut une expérience brutale. Le lendemain de sa mort, j'allai voir son corps à la morgue. Il était toujours aussi beau. On aurait dit qu'il dormait paisiblement. Je savais que cette paix apparente de gens qui décèdent sans souffrir pouvait être liée à la tension des chairs. Je savais aussi que je n'avais plus devant moi qu'un amas de cel-

1. Les Ummites se définissent comme proches des néo-positivistes en matière de science. Ils se déclarent surpris de la manière dont nous accordons sans cesse, naïvement, foi à nos modèles successifs. Nous avons, nous aussi, nos modèles, disent-ils, mais nous ne sommes pas assez naïfs pour y « croire ». Seule leur valeur opératoire nous importe.

lules sans vie, voué à une décomposition rapide. En dehors de la souffrance et de la révolte que je ressentais, je réalisais le vide incroyable de la science face aux grandes questions de la vie et de la mort, de la place de l'homme dans l'univers, de sa fonction. J'enviais les croyants, qui avaient des solutions toutes prêtes pour affronter une telle expérience. On a coutume de dire que la mort d'un enfant est une chose terrible, écrasante; que ce n'est pas comme celle d'un parent ou de quelqu'un ayant atteint un certain âge, parce que c'est contre l'ordre des choses. Mais l'ordre des choses, qu'est-ce?

Je me souviens d'une conversation avec des amis scientifiques. L'un était physicien des particules élémentaires, l'autre biochimiste. Tous deux répondaient avec une tranquille assurance : après la mort, mais il n'y a rien. La seule justification de la vie, c'est la vie elle-même. Tout n'était donc que « hasard et nécessité ». La femme du physicien des particules, psychologue, avait aussi une réponse toute prête : les êtres décédés ne survivaient que dans le souvenir de leurs proches. Un psychanalyste lacanien que j'avais connu m'avait aussi décrit l'humanité comme une machine langagière, dont il prétendait connaître les rouages, toute vision métaphysique se ramenant pour lui à une des multiples facettes de notre imaginaire.

Qu'elle le veuille ou non, la science contemporaine suit la phrase célèbre du mathématicien Laplace : « Une intelligence qui, pour un instant donné, connaîtrait toutes les forces dont la nature est animée et la situation respective des êtres qui la composent, si, par ailleurs elle était assez vaste pour soumettre ces données à l'analyse, embrasserait dans la même formule les mouvements des plus grands corps de l'univers et ceux du plus léger atome; rien ne serait incertain pour elle, et l'avenir comme le passé seraient présents à ses yeux. »

Bien sûr, aujourd'hui personne ne cherche plus à accéder à l'existence individuelle d'une particule, en vertu du principe d'incertitude d'Heisenberg, mais quand on y regarde de plus près, ce déterminisme mécaniste a laissé la place à un déterminisme implicite, plus subtil, issu de la mécanique statistique, sœur jumelle de la mécanique quantique.

Les religions institutionnalisées s'étant révélées incapables d'évoluer, l'athéisme marxiste ayant vécu, la science fut consultée et quel n'est pas le scientifique écrivain qui, de nos jours, ne pousse son petit couplet métaphysique. Citons par exemple la phrase du célèbre Anglais Hawking qui écrit, dans son ouvrage *Brève histoire du temps :* « Si réellement l'univers se contient tout entier, n'ayant ni frontières ni bord, il devrait n'avoir ni commencement ni fin : il devrait simplement être. Quelle place reste-t-il alors pour un créateur? »

En entendant de tels propos on serait tenté de s'écrier : « Y a-t-il un philosophe dans la salle? » ou, comme disait mon ami Arondel : « À l'heure où la métaphysique est en crise, il est rassurant de constater que la philosophie de bistrot se porte bien. »

Force est de reconnaître que tout ceci n'est pas brillant. L'homme-machine, l'homme-neuronal, l'homme-langage, l'homme-espèce, l'homme-lutte-des-classes, l'homme-programme existent. Mais cette énumération digne d'un Jacques Prévert constitue-t-elle l'ensemble du phénomène humain? Hawking soulève finalement la question essentielle en disant : « Si l'univers se contient tout entier... »

« Si », comme disaient les Lacédémoniens. Mais l'univers, qu'est-ce au juste?

Les textes de Ummo apportent des réponses. Je ne sais pas ce qu'elles valent, mais on peut toujours les citer, du moins partiellement :

« Il existe pour nous ce qui est appelé espace-temps, conçu par le mathématicien Minkowski, mais plongé dans une trame à dix dimensions. »

Un peu plus loin on lit :

« L'homme terrestre s'imagine l'espace comme un continuum dans toutes les directions. À partir de cette image de l'espace, qui avait été introduite par Euclide, vous élaborez toute une géométrie basée sur des abstractions comme LE POINT, LA DROITE, LE PLAN, dont vous avez fini par croire naïvement, bien qu'à l'aide d'une abstraction intellectuelle, qu'elles constituaient les véritables composantes de l'Univers [1]. »

Selon les Ummites, tout l'univers, dans sa description décadimensionnelle, serait « quantique », ses dimensions mêmes seraient « quantifiées », c'est-à-dire qu'elles ne pourraient prendre que des valeurs discrètes. La conti-

1. Le mot dimension est d'ailleurs, selon eux, générateur de confusion, et c'est bien vrai. Emprunté au langage commun il est automatiquement associé à quelque chose de mesurable, comme l'espace et le temps. Les théoriciens des supercordes, qui ne rechignent pas à attribuer à l'univers des dimensions supplémentaires, se heurtent d'ailleurs à une difficulté de principe. En effet, la machinerie théorique sécrète aussitôt une dimension caractéristique, la longueur de Planck, égale à 10^{-33} centimètres, associée à chacune de ces dimensions supplémentaires et les expérimentateurs de s'arracher les cheveux en s'écriant : « Comment faire la moindre expérience avec cela puisque dans ces conditions l'épaisseur de la lame du couteau est égale à celle de l'objet à analyser ! »

nuité ne serait qu'une illusion, et ce que nous appelons le continuum espace-temps, axiome fondamental de notre construction scientifique, un fantasme. L'univers perceptible, mesurable, ne serait qu'un sous-ensemble d'une réalité plus vaste. Cet univers perceptible serait en fait créé par l'observateur. On voit que se trouve étendue à l'échelle cosmique la notion somme toute récente de relativité.

Cette description laisse une place infinie à tout ce qui échappe présentement à nos instruments de mesure. Le mot métaphysique (ce qui est après, au-delà de la physique) prend alors tout son sens.

Quelle que soit la description réductionniste que l'on donne à l'univers, on bute sur un problème essentiel : celui de la conscience. Les scientifiques ont des idées sur certains mécanismes ayant participé à l'origine de la vie. Ils rendent compte, toujours en termes de mécanique biochimique, de certains comportements élémentaires autostructurants. Le néo-darwinisme sert de toile de fond, de support dogmatique, à une théorie de l'évolution des espèces, l'homme occupant, pensons-nous, le sommet de cet édifice. Mais à ce stade, à quoi sert la conscience? Dans la vision actuelle ne serait-ce pas un attribut, disons-le, superfétatoire?

Les textes ummites apportent leur réponse à cette question essentielle. Il existerait dans le cerveau de l'homme une structure qui se comporterait comme un lien avec une entité que l'on pourrait qualifier d'âme. Ce concept d'âme n'est certes pas nouveau, mais ce qui est étonnant c'est que ces textes font état d'une expérience qui permettrait de mettre en évidence ce lien entre les mondes somatiques et psychiques. Celle-ci est sans doute hors de nos moyens d'investigation actuels. La « biochimie ummite » a fréquemment recours, entre autres, à des sondages qui seraient effectués à l'aide d'ondes gravitationnelles (que nous ne savons aujourd'hui ni mesurer ni *a fortiori* produire). Ces ondes auraient d'ailleurs une importance assez grande dans les mécanismes élémentaires du vivant, en particulier dans les liens entre cellules, ou entre le cytoplasme de la cellule et son noyau, assertions évidemment invérifiables actuellement.

Les textes ummites font donc état d'une expérience cruciale réalisée sur leur planète, qui leur aurait fait découvrir d'abord la présence d'atomes de gaz rare jouant un rôle clef dans l'encéphale humain [1], situés plus précisément dans l'hypothalamus, puis d'observer un comportement tout à fait singulier des cortèges électroniques associés à ces atomes qui violeraient les lois de la mécanique quantique, le fameux principe d'incertitude. Ils auraient du même coup découvert un synchronisme parfait de certains de ces phénomènes intéressant ces atomes, chez tous les êtres humains de leur planète. Ces investigations, systématisées, les amenèrent à découvrir, disent-ils, que ce paquet d'atomes mettait en fait le cerveau humain en contact avec une structure métaphysique, c'est-à-dire, étymologiquement, au-delà de la physique, au-delà de notre prison étroitement quadridimensionnelle. En tentant une analogie, on pourrait comparer les êtres humains à des robots évoluant sur le sol d'une

1. Le fait de viser un atome précis peut paraître relever de la science-fiction, mais on sait déjà, depuis 1976, créer des pinceaux de rayonnement synchrotron, extrêmement « monochromatiques », ayant un diamètre de l'ordre de l'angström, c'est-à-dire de celui d'un atome.

planète. En analysant finement le « soft » de ces robots, on découvrirait qu'ils ne seraient pas parfaitement autonomes, ne fonctionneraient pas comme de simples systèmes stimulus-réponse, mais seraient en fait partiellement contrôlés par radio, à partir des stations orbitales, c'est-à-dire situées en dehors de ce terrain d'évolution bidimensionnel, constituant une image de ce que nous appelons le « réel ». Chaque station orbitale constituerait en quelque sorte « l'âme » du robot. Il existerait par ailleurs un lien, également partiel et toujours de nature radioélectrique, entre les différentes stations orbitales. De fait, celles-ci constitueraient un ensemble.

Dans le schéma ummite, le système de pilotage de chaque corps humain vivant serait une âme, élément d'un vaste ensemble qu'ils appellent âme collective et qu'on pourrait tout aussi bien appeler cerveau planétaire, chaque âme se comportant comme un neurone de ce cerveau. La mort représenterait une rupture brutale de ce lien entre le corps et cette âme individuelle. Celle-ci interviendrait lorsque le réseau d'atomes de gaz rares cesserait de fonctionner, lorsque le « poste émetteur-récepteur » serait détruit et la liaison interrompue. Commencerait alors une seconde phase de la vie de l'être humain où celui-ci, en conservant sa personnalité, entamerait un processus d'intégration dans l'âme collective, dans une structure extérieure à nos quatre banales dimensions d'espace et de temps. En reprenant une image inspirée de la biologie, imaginons que des neurones du cerveau seraient reliés, par un axone très long, à une cellule sensorielle en contact avec « la réalité extérieure ». Tant que ce lien serait maintenu le neurone serait fort occupé à gérer l'information communiquée par celle-ci et entretiendrait des relations bien ténues, peu élaborées, avec les neurones voisins. Puis soudain l'axone serait rompu et la cellule sensorielle mourrait. Le neurone, privé de tout contact avec « la réalité physique », n'aurait plus à ce moment-là d'autre chose à faire que d'étendre ses dendrites pour nouer un dialogue nouveau avec ses voisins, s'intégrant ainsi dans un immense tissu encéphalique et continuant d'être informé par l'intermédiaire des neurones toujours connectés.

Revenant à la description des textes Ummo, ce travail d'intégration serait plus ou moins aisé pour chacun selon qu'il aurait suivi ou violé les principes d'une vie harmonieuse au sein de la communauté des hommes. La notion de « paradis » serait à remplacer par « un accès à une masse plus importante et sans cesse croissante d'informations ». Une vie humaine ne serait donc qu'un bref instant d'un processus destiné à permettre à un être humain planétaire, global, de se construire peu à peu. Dans un tel schéma, les notions manichéennes de bien et de mal, sous leur forme dogmatique, s'estomperaient quelque peu et sembleraient se fondre dans une vision un peu panthéiste, teintée d'écologie, les principes moraux évoluant d'ailleurs avec l'humanité elle-même.

Selon les textes ummites, les âmes collectives des différentes planètes ne communiqueraient pas entre elles. L'Univers, avec un grand U, serait donc constitué de myriades de cerveaux planétaires en cours d'élaboration et ces « âmes collectives planétaires » pourraient être ultérieurement amenées à se fondre en un tout unique. Vision très proche de celle d'un Teilhard de Chardin. L'Univers dans sa globalité serait donc une sorte d'être vivant, en cours d'élaboration.

Dans cette optique, une planète et les hommes qui l'habitent seraient considérés comme un être devant être respecté. D'où le principe éthique de ne pas aller provoquer du désordre dans ces autres systèmes hommes-planète, lesquels posséderaient une dimension métaphysique, principe qui dépasserait la simple préoccupation professionnelle de l'ethnologue, le simple respect de « l'objet d'étude ».

En revenant à ce thème du lien âme-corps, les textes disent que le phénomène utiliserait précisément les relations d'incertitude pour permettre à l'être humain de conserver son libre arbitre, tout « en obéissant aux lois de la physique », idée qui n'est pas dénuée d'intérêt. L'Univers global subirait cette relation d'incertitude et « rien ne serait écrit », contrairement à ce que pensent les musulmans. Chaque être conserverait, à chaque instant, une possibilité authentique d'intervenir sur son avenir en prenant ses responsabilités, tout en nageant à la surface d'un océan d'instincts et de conditionnements divers. L'Univers lui-même ignorerait son propre avenir et se comporterait comme un poulpe tricotant, à l'aide de multiples aiguilles, un immense pull-over se déployant dans le temps, l'animal ayant toute liberté de changer de point, de faire des côtes, des torsades, ou de sauter des mailles.

On note que ce modèle métaphysique est plus du type judéo-chrétien-musulman qu'inspiré par un thème comme celui de la réincarnation. Ce dernier, selon les Ummites, serait né d'une mauvaise interprétation de contacts entre des individus vivants et des éléments de l'âme collective correspondant à des individus décédés, laquelle aurait fourni une impression trompeuse de vie antérieure. À qui se fier? Une erreur de canaux, en quelque sorte, mais lourde de conséquences.

Ce modèle, ces précisions, ont séduit un certain nombre des contactés espagnols qui ont troqué leurs convictions religieuses contre cette nouvelle foi. On ne peut pas parler de religion, car cette vision des choses ne comporte ni clergé ni pratique. Ce phénomène, purement individuel, n'a pas donné naissance à l'équivalent d'une secte centrée sur un gourou. Il n'y a pas de démarche initiatique, d'activité méditative. C'est simplement une conception du monde qui laisse à l'individu le choix de ses principes moraux et de sa conduite, dans le sens d'une plus grande solidarité avec l'ensemble de la tribu humaine.

Je ne suis pas personnellement attiré par les courants issus de l'Orient, ou ayant éventuellement transité par quelque chapelle de la côte Ouest américaine, style New Age. L'appareil ostentatoire des religions institutionnalisées me rebute. Ce qui est intéressant ici c'est de noter que c'est la première fois qu'un message se référant à la métaphysique évoque un lien possible avec la physique, une confirmation expérimentale cruciale éventuelle. Donc, fini l'ésotérisme, les métaphores, les paraboles. Ce que ce texte dit en substance c'est : physiciens, armez-vous de vos outils et traquez l'âme au tréfonds de l'encéphale, vous l'y trouverez.

Dans l'ensemble des documents Ummo, le langage ressemble à de la science. Disons que c'est à travers ce crible que j'ai lu ces textes et j'ai cru y discerner, dans les domaines qui étaient du ressort de ma compétence, sur la base de mes travaux personnels et sur ce qui était apparu entre-temps (entre autres la MHD), des éléments structurés d'une connaissance originale. Ce nouveau pan du message Ummo semble d'un autre ordre. Peut-être s'agit-il d'un nouvel ésotérisme « scientiste ». À moins que la science ne soit, comme le suggérait Borges, que la forme la plus élaborée de la littérature fantastique.

Les ésotériciens, les adeptes des phénomènes paranormaux ou les théologiens seront peut-être intéressés par ce dernier chapitre. S'ils plongent à leur tour dans l'immense documentation Ummo ils verront qu'ils y sont fort mal traités. Les phénomènes paranormaux y sont présentés comme un simple gadget, réel, mais sans grand intérêt, l'immense majorité des faits allégués par les Terriens n'étant décrits que comme des trucages ou des phénomènes d'hystérie. Toutes les religions institutionnalisées sont mises dans le même sac et réduites au rang de sectes. Chacune de ces religions contiendrait, selon les Ummites, un fragment de vérité, noyé au milieu d'un fatras invraisemblable de mythes divers, le record absolu étant détenu par l'hindouisme. La religion catholique romaine aurait fait, semble-t-il, l'objet d'études historiques assez poussées. Des documents d'époque auraient été retrouvés, sous forme de rouleaux de métal gravés, permettant de reconstituer une histoire considérablement déformée par la suite sur notre planète. Le message christique, d'amour universel, est jugé avec sympathie, mais les auteurs des rapports ne sont pas tendres avec ceux qui auraient récupéré au fil du temps, à leur profit et de manière la plus souvent violente, le contenu initial de solidarité entre tous les êtres humains.

Au milieu d'anecdotes diverses j'en ai sélectionné une qui est assez amusante. Alors qu'ils commençaient à se familiariser avec la culture terrienne, des Ummites seraient allés faire un tour en Inde. Là, ils auraient été témoins d'une scène qui les aurait déconcertés. Un magicien installait un couffin à côté de lui, contenant un paquet de corde. Puis, en jouant de la flûte il provoquait l'érection de cette corde jusqu'à plusieurs mètres de hauteur. Au fur et à mesure qu'on voyait la corde se raidir et monter, à quelques mètres du flûtiste, son volume diminuait d'autant dans le panier. Un enfant grimpait sur la corde et en redescendait. Puis, toujours en jouant de la flûte, le magicien réalisait l'opération inverse et repartait avec son panier sous le bras, plus les quelques roupies qu'il avait récoltées dans l'opération.

Les Ummites restèrent bêtes. Bien décidés à tirer les choses au clair, ils revinrent, disent-ils, avec leur machine, la nuit, après avoir laissé s'enfoncer dans le sol cette espèce d'œuf à repriser MHD, déjà évoqué, servant à faire des analyses du sous-sol. L'image tridimensionnelle de l'endroit leur révéla les restes de galeries qui étaient utilisées par l'illusionniste enturbanné et sa bande. En posant le panier, qui était troué, celui-ci enfilait discrètement l'extrémité de la corde dans un trou à peine visible au milieu des herbes et, par en dessous, ses assistants s'en saisissaient. En même temps qu'ils tiraient lentement dessus ils poussaient à l'air libre une perche en bois sur laquelle un tressage imitait à merveille une corde raidie. L'acte magique consommé, ils refaisaient les opérations en sens inverse avec un art consommé. Les expéditionnaires concluaient (cette opération leur avait coûté un appareil extrêmement sophistiqué) que « les Terriens feraient mieux de s'occuper d'autre chose que d'inventer de telles âneries ».

L'explication du choix des contactés

Lorsque les contacts téléphoniques s'intensifièrent entre les Ummites et quatre des contactés, Rafael demanda un jour à ses interlocuteurs :

– Mais pourquoi nous avez-vous choisis, au milieu de tant d'autres personnes possibles?

– Parce que vos cerveaux ont une configuration différente de celle des autres Terriens.

Si je me souviens, l'Ummite expliqua que les Terriens étaient sur le point de subir une sorte de mutation de leur structure encéphalique. Profitons-en pour faire une digression sur ce problème des mutations, tel qu'il est évoqué dans les documents. Le schéma général s'éloigne du néodarwinisme, à cause de cette structure en étages de la mémoire [1]. La notion d'information est essentielle dans les textes Ummo. Elle réapparaît dans tous les documents. Qui dit information, dit mémoire. Au niveau de l'être humain, ces informations seraient distribuées dans trois structures dont nous ne connaîtrions qu'une seule : l'ADN. La seconde serait l'eau du cytoplasme cellulaire, dont l'agencement non moléculaire permettrait l'engrangement de stimuli de très longues périodes, de nature électromagnétique. La troisième se situerait dans un paquet d'atomes d'un gaz rare, donc chimiquement inerte, dont les capacités dépasseraient de loin les deux autres. Ces 86 atomes, qu'il ne faudrait pas confondre avec ceux

1. Il s'agit du rapport intitulé « Les bases biogénétiques des êtres vivants qui peuplent le cosmos » reçu par Alicia Aranjo en 1967.

évoqués plus haut, seraient présents aux extrémités des chaînes d'ADN. Selon ces textes, cette mémoire de type nucléaire, associée aux cellules, contiendrait, comme une gigantesque banque de données, les informations sur toutes les formes de vie possibles, en général, et dont les systèmes planétaires n'utiliseraient qu'une infime partie. Lorsque s'exercerait une « pression de mutation », lorsque le milieu serait favorable à l'éclosion d'une nouvelle formule, ou qu'une forme ne se révélerait plus viable dans un milieu modifié, c'est cette mémoire nucléaire qui piloterait l'ADN en déclenchant la mutation. Celle-ci ne serait donc pas aléatoire. Citons l'image associée extraite du texte :

« Supposez que dans un pays de la Terre, un pays très développé techniquement, on ait installé une grandiose usine d'avions. Le financement d'une telle entreprise a été effectué sans réserves et avec tous les crédits nécessaires. On a donc construit un millier de souffleries, des laboratoires, qui occupent de nombreux bâtiments, des bureaux d'information et de documentation interconnectés avec tous les centres de recherche de la planète et ces centaines de milliers d'ingénieurs, physiciens et spécialistes de l'électronique se sont mis en rapport pour planifier cette recherche. On s'imagine bien qu'un projet n'est que pure fiction : il ne s'agit ni plus ni moins que de confectionner les plans, pourvus de tous les éléments techniques de réalisation, de tous les modèles d'avions susceptibles de se déplacer dans un fluide : l'air. Il n'est pas nécessaire d'être technicien pour comprendre qu'un tel projet comporterait des milliards de modèles. Ces plans, conçus en fonction de chaque impératif des conditions aéronautiques ou de la navigation aérienne, sont stockés sur ordinateur.

Un jour s'effectue le vol d'un des appareils les plus modernes, dont le réacteur est conçu pour un plafond de 12 000 mètres. Celui-ci doit voyager au-dessus d'une région ennemie pourvue de missiles à guidage infrarouge. Les avions sont donc détruits les uns après les autres au point que la survie de l'avion se trouve compromise. Le milieu qui l'entoure devient incompatible avec cette espèce d'avion. Mais les ingénieurs qui sont dans les avions ne perdent pas leur temps. Avec leurs équipements ils détectent les causes de l'échec et codifient les éléments du problème. Ils observent par exemple que les missiles ennemis ont des réflecteurs paraboliques situés à l'intérieur d'ogives en plastique, que celles-ci n'émettent pas d'ondes en haute fréquence et ne sont donc pas destinées à émettre des ondes radar. Ils observent la manière dont ces missiles s'orientent, statistiquement, vers leurs appareils (vers les tuyères) et en déduisent que de tels missiles air-air sont munis de détecteurs infrarouges très sensibles. Il faut donc une mutation dans le dessin de l'avion. Mais on n'a pas le temps d'en faire le projet et d'essayer le prototype. Il suffit alors d'interroger la mémoire centrale pour obtenir un prototype de performances aussi bonnes, assez semblable au modèle antérieur, mais possédant une couronne protégeant la tuyère afin d'atténuer la diffusion de l'infrarouge. Les dessins du nouveau modèle étant déjà prêts, la réalisation n'en est que plus aisée. »

Une situation mutagène présente sur la Terre aurait donné naissance à des individus présentant certaines différences, non précisées, au niveau de leur encéphale, qui devenait soudain leur dénominateur commun. C'est la première fois, dans le problème des contactés ou prétendus tels, que la source manipulatrice fournissait une explication de type rationnel.

La grande manip

Cette explication allait de pair avec l'élaboration d'un projet à caractère, pourrait-on dire, métaphysique. Dans le modèle ummite, tout individu qui pense à quelque chose de précis, qui lit un texte ou parle avec des gens d'un sujet donné, « informe » l'immense structure psychique qu'est l'âme collective. Il est également dit que ces structures psychiques planétaires n'échangent pas entre elles d'information. Pour tenter d'agir sur cette immense âme collective planétaire, la solution imaginée par les Ummites avait été de choisir un petit nombre de contactés dotés de cet encéphale un peu particulier et d'essayer de les faire fonctionner comme une sorte d'antenne. Farce, manipulation, tentative de création d'une nouvelle croyance religieuse, opération de désinformation, réalité?

Des masses de rapports contenant des informations concernant la structure, le fonctionnement de ces structures métaphysiques individuelles ou collectives, sont arrivées. Les quatre contactés lurent ces textes effroyablement hermétiques, mais toujours aussi « scientistes », avec beaucoup d'application, essayèrent d'échanger des idées à ce sujet. Les Ummites exprimèrent leur satisfaction. Puis soudain, tout se gâta en 1989. Dominguez « disjoncta » brutalement. Après avoir baigné dans ce climat de contact pendant près de vingt ans, il vécut un phénomène de rejet aussi brutal que complet. Le groupe se désagrégea rapidement et « l'expérience » fut interrompue. Dominguez refusa dès lors d'entendre parler de quoi que ce soit qui ait trait à cette affaire Ummo. Elle était devenue, pour lui, comme maudite. Depuis, les lettres se sont faites rares, la dernière en date lorsque j'écris ces lignes étant celle se référant à la guerre du Golfe, citée en début d'ouvrage. Le réseau semble s'être figé dans une nouvelle phase de silence.

ÉPILOGUE

Fin de ce témoignage et de ce rapide tour d'horizon du dossier Ummo. Le bilan que je peux en faire ne peut être que personnel. Le fait d'avoir été en contact avec ces documents a profondément interféré avec ma vie professionnelle pendant seize années. Si Maurice ne m'avait pas passé ces cinquante premières pages, en 1975, ma carrière scientifique aurait sans doute pris un tour totalement différent, beaucoup plus paisible. Antérieurement, je ne m'étais pas spécialement intéressé au problème des ovnis et encore moins à celui d'éventuels contacts avec des civilisations venues d'autres systèmes stellaires. Jamais je n'aurais imaginé, en feuilletant ces premiers documents, découvrir un dossier de 2 000 pages correspondant à une période couvrant vingt-neuf années. Une des caractéristiques du dossier Ummo, c'est d'abord son volume, puis la grande variété des thèmes abordés, enfin la structure du discours empruntant souvent son vocabulaire à la science contemporaine au point qu'il rejoint parfois celui d'une notice technique. De ce fait, le dossier Ummo occupe une place totalement à part vis-à-vis de messages de gens qui se prétendent contactés et qui sont en général d'une indigence rapidement évidente ou d'un ésotérisme impénétrable.

Bien que j'aie souvent émaillé cette présentation de métaphores et d'images, celles-ci sont fort rares dans les textes originaux, parfaitement dépourvus d'humour. Certains aspects ont attiré mon attention et m'ont fortement orienté dans des directions de recherches vers lesquelles je ne me serais jamais aventuré si je n'avais pas eu connaissance de ces textes. J'ai joué avec les « petites phrases », et des données assez précises, le plus souvent éparpillées dans ces textes. Dans le domaine de la mécanique des fluides et de la cosmologie, ce jeu a engendré des travaux qui ont donné lieu à de nombreuses publications scientifiques, au fil des années. En ce qui concerne la MHD les résultats obtenus font que j'ai pu décrire des techniques, des solutions, quinze ans avant que celles-ci ne trouvent une application concrète que personne ne peut aujourd'hui contester. Il reste actuellement des travaux, également publiés dans des revues a referee et des congrès internationaux, concernant par exemple le vol hypersonique sans ondes de choc qui devraient trouver leur concrétisation dans un proche avenir, à moins que ces travaux n'aient déjà été menés à bien, en particulier aux États-Unis et ne soient couverts par le secret militaire. Je pense qu'il est fortement probable que des équipes américaines, au Lawrence Livermore Laboratory, aient obtenu dans ce domaine des résultats décisifs.

Dans le domaine de la cosmologie, je crois avoir produit des travaux de qualité dans deux directions : celle d'une théorie gémellaire d'univers, publiée en 1977 aux Comptes rendus de l'Académie des sciences de Paris, et celle d'un modèle de genèse cosmique, dit « de jauge », à « constantes variables » (trois articles publiés dans *Modern Physics Letters A* entre 1988 et 1989) impliquant, entre autres, la variation de la vitesse de la lumière au cours du temps. Sans la lecture de tels textes je n'aurais jamais imaginé pouvoir remettre en question de simples hypothèses de travail qui, depuis plus d'un demi-siècle, se sont transformées en un dogme dénué de tout fondement mathématique solide. J'ai eu la surprise, en 1984, de trouver une similitude de mes travaux sur le modèle gémellaire, avec ceux publiés, dès 1967, par l'académicien Andreï Sakharov. L'extrait de son discours de réception du prix Nobel montre sans ambages que ce scientifique de grande valeur croyait à l'existence de civilisations extra-terrestres. Les raisons de la présence insolite d'une telle assertion dans la conclusion de son discours restent à élucider.

Comme je le montre dans l'annexe scientifique (qui contient également la reproduction *in extenso* de mes principaux articles), je connaissais le résultat global des travaux de cosmologie, sous forme d'indications relativement précises, avant même d'initier cette recherche. J'ai trouvé dans cet ensemble une forte cohérence interne, qui ne saurait être le fruit du hasard et je défie n'importe quel scientifique de me prouver le contraire. La probabilité de voir quelques données, principes et lois, jetées au hasard sur une feuille, s'agencer selon une solution de l'équation de champ à forte cohérence mathématique me paraît voisine de zéro. Les auteurs de ces documents devaient donc parfaitement connaître l'existence de cette solution, ce qui exclut le canular grossier.

Je vois mal des scientifiques de haut niveau, même

moyennant finances, s'amuser pendant vingt-neuf ans à jouer un jeu pareil, au lieu d'exploiter ces idées pour leur propre compte. Je vois mal également des services secrets, s'assurant le concours de chercheurs de haut niveau, produisant des textes possédant une telle cohérence interne, et semant ceux-ci, pendant vingt-neuf années, au sein d'une communauté rigoureusement incapable de les exploiter. Je considère donc, en attendant la preuve du contraire, que la probabilité que ce dossier soit d'origine purement terrestre est faible.

Il pourrait s'agir d'une vaste manipulation à l'échelle planétaire mettant en jeu une « science venue d'ailleurs ». L'avenir tranchera, mais les récentes réalisations en matière de propulsion magnétohydrodynamique en milieu liquide, qui contiennent en germe tous les éléments du développement de machines volantes opérant dans l'air à l'aide de forces électromagnétiques, et que j'ai décrites dès 1975, vont dans ce sens. L'enjeu est encore plus formidable dans le domaine de la cosmologie.

À ce stade il existe deux possibilités :

– Ou les auteurs de ces documents sont réellement comme ils se décrivent, c'est-à-dire sont des êtres proches de l'homme terrestre, venant d'une planète située à quelque quinze années-lumière, dans la constellation de la Vierge.

– Ou ceci correspond à un leurre entièrement fabriqué par des êtres totalement non identifiés.

Il est impossible de trancher, mais on peut adopter la première solution comme hypothèse de travail. Ceci débouche sur la possibilité qu'il existe, à une distance relativement faible de notre Terre, des humanoïdes extrêmement proches de nous [1], à la fois somatiquement et intellectuellement, puisqu'un message a pu passer. Ces hommes issus d'un autre système auraient pris pied sur notre planète en 1950 et séjourneraient encore aujourd'hui sur notre sol. Cette perspective est absolument sans précédent dans l'ensemble du dossier ovni, qui était jusqu'ici resté parfaitement déconcertant.

Les auteurs de ces textes précisent eux-mêmes que la distance qui les séparait de nous, au plan des connaissances, se chiffrerait en un petit nombre de siècles. Pendant un tel laps de temps, nos connaissances terriennes semblent avoir beaucoup progressé, mais il est parfaitement clair qu'un homme du XXe siècle, transporté au XVe ou au XVIIe siècle, pourrait parfaitement dialoguer avec des gens de cette époque, en dépit de certaines difficultés de langage, simplement en faisant l'effort de se mouler dans le vocabulaire, les technologies et conceptions de l'époque. Un ingénieur de l'aéronautique pourrait, par exemple, parfaitement suggérer la construction d'un deltaplane à des hommes de la Renaissance, la machine pouvant être construite et expérimentée avec succès en quelques jours. Dans de nombreux cas, le simple fait de poser les bonnes questions et d'indiquer les directions de recherche pourrait entraîner un profond bouleversement de l'histoire scientifique. Les exemples abondent de découvertes qui auraient pu être faites à certaines époques et qui ont attendu pendant des siècles que les hommes les remarquent.

Les rapports ummites fourmillent de suggestions de

1. Bien qu'une union entre deux êtres issus de ces deux planètes différentes, incompatibles génétiquement, ne puisse donner qu'un produit que l'on pourrait qualifier de « monstre ».

recherches concrètes dans différentes directions. Exemple : y aurait-il dans la galaxie des nébuleuses toroïdales constituées de molécules dont la polarisation varierait brusquement, ce phénomène trahissant l'action de l'univers jumeau sur le nôtre? Est-il possible de concevoir une logique indépendante de son langage? Nos ordinateurs vont-ils évoluer totalement, le cheminement de l'information s'y effectuant entièrement par voie optique? Etc.

Ceci dit, la stratégie suivie par les auteurs des documents manque de cohérence et semble traduire une constante indécision. C'est une suite de lâchers d'informations, entrecoupés de périodes de silence et de manœuvres de désinformation parfois grossières, traduisant un souci constant de reprendre le contrôle de la situation. Si certaines analyses de la situation terrestre apparaissent pertinentes, de nombreux passages semblent au contraire teintés d'une bonne dose de naïveté et traduire une compréhension très partielle de la nature humaine. Les bévues, les erreurs d'évaluation, ne manquent pas. Est-ce dû à une différence foncière des méthodes d'analyse ou, pourquoi pas, à la compétence discutable de certains expéditionnaires et à un suivi un peu lâche de cette affaire au cours du temps?

Notre cerveau a peu évolué durant les derniers siècles. S'il nous était possible d'envoyer un scientifique un peu simplet (et tous ne brillent pas par leur intelligence, loin s'en faut) auprès d'un homme comme Rabelais, celui-ci serait sans doute impressionné dans un premier temps par les connaissances d'un tel homme, venu du futur, mais au bout d'un moment, il se dirait : « Cet homme sait beaucoup de choses, mais ce n'est qu'un imbécile venu du futur. »

Les penseurs actuels spéculent sur l'existence d'une intelligence extra-terrestre, mais sur Terre on ne saurait être subtil dans tous les domaines. Le concept de bêtise extra-terrestre est peut-être à prendre en considération, comme une composante naturelle du phénomène.

La dernière phase du contact, la plus récente, a un contenu éminemment déconcertant. S'agit-il d'une tentative de création d'une nouvelle religion ou conception métaphysique? Il est clair que ces textes ont trouvé un certain écho parmi les contactés espagnols. Personnellement je ne suis pas un homme de croyance et je ne puis assimiler ce que je n'ai pas réellement compris, aussi séduisante que puisse être la réponse fournie. L'originalité du message consiste à évoquer un lien que l'on pourrait mettre un jour en évidence scientifiquement, liant la réalité d'ici-bas et celle d'un au-delà. Une telle expérience, aux conséquences aussi transcendantes, est-elle concevable? Si oui, à quelle distance se situe-t-elle vis-à-vis de notre actualité technico-scientifique?

Le sujet ovni est en train de cesser d'être un tabou complet dans le monde des sciences. Deux astronomes de renom, mon ami Guy Monnet [1], directeur de l'observatoire de Hawaii, et son collègue Jean-Claude Ribes, directeur de l'observatoire de Lyon, ont publié en 1990 un ouvrage intitulé *La Vie extra-terrestre*, aux éditions Larousse. Bon écho dans la presse, bon accueil dans le milieu scientifique, succès de librairie. Après des généralités sur les différents éléments de scénario, sur l'apparition des planètes et de la vie, les auteurs entament

1. Membre du conseil scientifique du GEPAN dès sa création, en 1977, de même que René Pellat, actuel président du CNRS.

un chapitre intitulé : « Un scénario pour les vingt-cinq siècles à venir ». En supposant simplement que l'humanité ait atteint la maîtrise de l'énergie de la fusion, en constituant ce qu'ils appellent « la civilisation de l'hydrogène », ils envisagent une colonisation d'un système proche à l'aide de nefs gigantesques, habitées chacune par une dizaine de milliers de personnes, véritables caravelles du futur. Ce ne sont pas les passagers initiaux de ces nefs qui rejoindraient une planète située à quinze années-lumière au terme d'un voyage de cent cinquante années, effectué à une vitesse équivalant au dixième de celle de la lumière, mais leurs lointains descendants. Ces colons terriens s'installeraient dans la ceinture d'astéroïdes, semblable à celle qui se situe autour de notre Soleil, entre Mars et Jupiter, localisation qui permettrait au passage à ces colonies d'échapper à toute détection radar. Les planètes habitées seraient visitées à l'aide de « modules à propulsion MHD ». Les auteurs expliquent que « ces modules devront pouvoir pénétrer dans l'atmosphère ou s'en extraire à vitesse supersonique sans échauffement excessif ». On retrouve le thème du premier rapport Ummo, celui qui m'était parvenu en 1975. S'inspirant du thème ovni les auteurs disent que ces engins devront pouvoir stationner comme des hélicoptères pour faciliter les observations. Puis ils précisent : « Dans les années 1970 et 1980 des aéronefs ont été conçus, du moins dans leurs principes, qui répondent à toutes ces exigences. Ils sont surtout l'œuvre du physicien Jean-Pierre Petit et exigent un générateur d'électricité que l'époque ne permet pas de détailler, mais qui, en l'an 3000, ne posera pas de problème majeur. » Ils ajoutent que l'engin pourra se déplacer sans turbulence ni onde de choc, et que : « l'aéronef de Jean-Pierre Petit n'a pas encore volé, mais compte tenu des calculs et essais préliminaires déjà effectués, nous parions ici sur son succès ».

Suit une description assez détaillée de cette visite d'expéditionnaires terriens sur une première planète nommée « Pali » (puisque les gens sont censés y vivre au paléolithique). Les Terriens, au terme d'un voyage qui aura duré... plusieurs générations, effectuent des prélèvements sur le sol de Pali et complètent leurs connaissances en matière d'évolution du vivant. Comme les pilotes d'ovnis ils ont des armes neutralisantes. Il suffit de se souvenir de l'affaire de Valensole, dans les années cinquante, où M. Masse avait été paralysé par un « rayon » émis par un petit cylindre porté par un des êtres qui, étant sortis d'un drôle de vaisseau, examinaient avec attention ses lavandes. Monnet et Ribes vont plus loin et expliquent que les Terriens disposent de gadgets à micro-ondes pulsées qui agissent temporairement sur le système nerveux.

Une seconde expédition viserait alors une planète nommée Néol (ainsi baptisée parce que les hommes y vivraient à une époque équivalant au néolithique terrien). Comme dans le cas de Pali, Monnet et Ribes nous expliquent que l'implantation serait là aussi effectuée dans la ceinture d'astéroïdes. Les aéronefs MHD plongent une fois de plus dans l'atmosphère de Néol et survolent les villages des « Néoliens », tous surpris. Des sondes automatiques permettent de capter des éléments de langage de ces autochtones, dont le vocabulaire est riche et la syntaxe évoluée. Citons une phrase clef de leur texte : « La tentation est donc grande de nouer avec eux des relations et de les aider à progresser dans la civilisation. Mais cette tentation doit être réfrénée avec vigueur, l'écart entre les humains et les " Néoliens " étant trop important. »

Il est clair que Ribes et Monnet [1], qui connaissent bien le dossier ovni, ont compris le sens du phénomène de non-contact. Celui-ci découle du souci d'éviter tout « choc culturel » inhérent à un contact entre deux civilisations très différentes technologiquement. Cette rencontre s'effectuerait au détriment de l'ethnie dont les connaissances seraient les moins avancées. Ils indiquent donc que seuls des contacts brefs et isolés seront tolérés. Il ne faut ni dégrader des populations entières, ni perturber l'objet d'étude. Les auteurs écrivent : « Surveillés discrètement par les humains, les Néoliens évoluent, passent de l'âge du bronze à une technologie comparable à celle des Terriens. Un plan d'information des Néoliens est donc mis en place. Il n'est pas question de faire à un large public des révélations massives, qui provoqueraient un choc culturel qu'il est encore nécessaire d'éviter. Les humains se manifesteront de manière ponctuelle. L'idée de leur existence, de leur absence de malveillance, s'implante alors progressivement chez une élite néolienne. Les démonstrations en vol [2] et les atterrissages isolés s'intensifient donc. (...) Les pilotes humains

1. Ribes n'est pas un débutant en la matière. En 1976 il avait publié, avec son ami l'astronome Biraud, un ouvrage intitulé *Chronique des apparitions extra-terrestres*. Quant à Monnet, il s'est trouvé propulsé, dès 1977, par Curien, qui dirigeait alors le CNES (Centre National des Études Spatiales), dans le conseil scientifique du GEPAN (Groupe d'Étude des Phénomènes Aérospatiaux Non identifiés). Voir mon livre *Enquête* sur les OVNI.

2. Idée qui permettrait d'expliquer la récente et massive vague d'ovnis en Belgique, très localisée.

jouent avec les avions néoliens comme des chats avec des souris [1]. »

Ribes et Monnet prévoient quel sera le comportement des Néoliens. Ceux-ci chercheront à comprendre en se basant sur les données d'observation. La MHD et les armes à micro-ondes constitueront les premières « retombées technologiques » de ces études. Les auteurs précisent : « Progressivement, les Néoliens comprennent et il sera un jour possible d'informer leurs principaux gouvernants, par communication radio, par exemple. Pour authentifier la communication, on y annoncera pour une date précise, au-dessus d'un lieu désertique déterminé, un ballet d'ovni [2]. »

Le chapitre suivant, non complaisant et relativement bien documenté, s'intitule « Les ovni ». Les deux interprétations rationnelles retenues par les auteurs sont les suivantes :

– Ou bien, à la suite de l'astronome Menzel, ces phénomènes devraient un jour pouvoir être expliqués par des objets créés par l'homme, des erreurs de perception ou des anomalies de fonctionnement des radars.

– Ou bien, en rejoignant le physicien Donald Menzel, certaines observations d'ovnis traduisent la présence d'êtres intelligents venus d'ailleurs.

Et les auteurs de conclure : « Dans ce cas, l'hypothèse d'engins extra-terrestres se déplaçant dans l'espace-temps

1. Allusion à une affaire d'interception d'un ovni par deux chasseurs belges F-16 au printemps 1990.

2. Allusion à l'affaire de l'atoll de Kjwalen. Les textes ummites précisent à longueur de pages que de nombreux gouvernants de la Terre sont parfaitement au courant de leur existence et de leur provenance. Un pays de l'Est détiendrait même le corps d'un des leurs, tué dans un accident.

de la physique actuelle nous apparaît la seule rationnelle aujourd'hui. »

La manœuvre générale est habile. Prudents, Ribes et Monnet, à l'instar de Persée, approchent la Méduse en ne montrant au public que son reflet dans un bouclier poli.

La pensée, dit mon ami le Touareg Hawad, est une partie de pétanque. On lance le cochonnet et les boules-idées s'assemblent autour de lui. L'allure générale de la partie, son organisation, dépendront essentiellement du type de terrain sur lequel ce petit objet de bois aura été lancé [1]. Nous sommes curieux de notre futur et, au-delà de notre horizon technico-scientifico-culturel, nous tentons de nous le représenter, à travers les brumes qui l'enveloppent. C'est-à-dire que nous essayons d'imaginer la partie future avec notre cochonnet et nos boules du présent. Dans ce futur lointain, quelle sera la nature du terrain? Imaginons que nous soyons en train de jouer sur une esplanade de béton, semblable à celle du parvis de la Défense et que le terrain du futur soit un champ de betteraves, ou, pis encore, un étang : des boules flottantes seraient alors plus indiquées que nos actuelles boules en acier. Nos concepts couleraient à pic dans ce nouveau terrain de jeu de l'esprit.

En proposant ce scénario pour les vingt-cinq siècles à venir, Ribes et Monnet ressemblent à des Christophe Colomb qui tenteraient de décrire les caravelles de l'an 2000, assurant une liaison directe entre l'Espagne et le Nouveau Monde. Ceux qui proposent avec tant d'insistance de développer des programmes d'écoute radio-

1. Un épistémologue ferait alors recours à la notion de paradigme.

électrique en refusant avec véhémence de participer à tout débat concernant le phénomène ovni ressemblent, quant à eux, à des habitants d'Armorique qui, affectant de nier les passages incessants d'avions au-dessus de leur province laissant dans le ciel leurs fines traînées de condensation, tendraient des micros en direction de l'Ouest dans l'espoir de détecter les conversations des habitants des États-Unis.

Je pense que nos outils scientifiques d'aujourd'hui, tant théoriques qu'expérimentaux, si nous acceptions de les manipuler sans en avoir peur et d'écouter ce qu'ils nous disent, pourraient nous indiquer la véritable route des étoiles beaucoup plus tôt que nous ne le pensons.

En prime, nous pourrions nous mettre à envisager des situations que la science, qui n'est jamais qu'un système organisé de croyances, refuse avec violence, de la manière la plus irrationnelle qui soit, sans débat d'idées digne de ce nom, en se soumettant à un tabou qui ne lui fait guère honneur. Nous pourrions accepter de concevoir que notre planète puisse être visitée et même que nous cohabitions avec de pacifiques expéditionnaires issus d'autres systèmes que le nôtre.

Annexe scientifique

ANNEXE 1

Sur les textes ummites

Avant d'entrer dans le vif du sujet il semble intéressant de reproduire quelques directives présentes dans les textes Ummo dès les années 1962-1967.

« Sous aucun prétexte des textes imprimés évoquant les documents ne seront signés par vous et encore moins sous votre titre professionnel, de sorte qu'ils pourraient constituer une garantie scientifique de leur contenu (à moins qu'ils soient contenus dans le contexte d'une publication périodique ou monographique, en relation avec des thèmes très hétérogènes, ovni, etc., dont la fiabilité reste d'un niveau modéré)... Sous aucun prétexte vous ne devez prendre des mesures susceptibles de provoquer la crédibilité d'organismes ou de secteurs d'opinion responsables, qui ont le moyen de perturber notre activité sur la planète Terre. »

Au diable ces recommandations de gens, quels qu'ils soient, qui semblent se servir de leurs destinataires comme de cobayes.

La MHD

Dans les documents, il apparaissait que le mode de déplacement des nefs ummites était fondamentalement différent, selon qu'il s'agissait d'un déplacement intra-atmosphérique ou d'un déplacement interstellaire. On retrouvait cependant un dénominateur conceptuel commun : modifier l'environnement avant d'envisager le déplacement. Dans le vol intra-atmosphérique il s'agissait d'ioniser fortement l'air environnant. Dans la croisière interstellaire il s'agissait ni plus ni moins de changer d'environnement, de changer de feuillet d'espace-temps.

Dans les deux cas, l'altération était réalisée dans la couche entourant l'objet. Nous trouvions décrit dans ces textes un tapis d'ionisateurs pariétaux distribués sur toute la surface de la nef, destinés à ioniser l'air, à le rendre conducteur de l'électricité.

Ces petits dispositifs étaient censés créer des ions négatifs. La méthode consistait à bombarder les molécules environnantes avec des électrons possédant des énergies bien précises, ce qui entraînait leur attachement sur des objets lourds que sont les atomes ou les molécules, de manière assez fugitive. Ces ions négatifs ayant une

« durée de vie » limitée, ceci permettait de disposer d'une ionisation non constante, pulsée.

En règle générale il est plus facile, expérimentalement, de fabriquer des électrons libres en agissant sur le gaz à l'aide d'un puissant champ électrique, constant ou variable. Dans les deux cas on obtient ce qu'on appelle un plasma qui, possédant des charges électriques libres, devient conducteur de l'électricité. Des textes Ummo de ces dernières années précisent que le halo de luminosité orangée correspond bien à un phénomène d'ionisation [1].

À partir du moment où l'air entourant la machine a été rendu conducteur de l'électricité, il est possible d'y exercer des forces, dites forces de Laplace. Le principe est exactement le même que celui qui est à l'œuvre dans les sous-marins et navires MHD actuellement développés sur Terre. Mais dans ce cas, on exploite la conductivité électrique naturelle de l'eau de mer, due à la présence de sel. Sans cet ingrédient indispensable, les sous-marins et navires MHD ne pourraient pas fonctionner. N'importe quel ingénieur s'occupant du projet vous dira que faire entrer de tels engins dans des eaux douces est problématique, à moins de créer une transpiration pariétale d'une substance donnant au fluide une conductivité électrique minimale. Cette idée de sudation pariétale est également présente dans les textes Ummo.

Dans les travaux théoriques et expérimentaux que nous avons effectués dès 1975, basés sur les textes Ummo, nous avons souvent dû recourir à des simulations. Comment ioniser de l'air à pression atmosphérique à l'aide de mini-ionisateurs pariétaux ? Cela nous était techniquement impossible. Nous nous orientâmes donc vers différentes formules, se basant sur l'emploi d'électrodes créant un puissant champ électrique ou sur un champ électromagnétique hyperfréquence, agissant sur de l'air en basse densité. Dans tous les cas de figure, il fut possible de reconstituer parfaitement le halo orangé d'air ionisé. Pour la suite des choses, citons une partie des documents se référant aux aspects de mécanique des fluides (ouvrage de Ribera, p. 147).

« Quand une de nos nefs pénètre dans les couches les plus denses d'une atmosphère quelconque, à des vitesses que vous qualifieriez d'hypersoniques, la chaleur transférée à la paroi tant par la couche de choc que par la couche limite (j'utilise des termes qui vous sont familiers car nos concepts de mécanique des fluides se formulent de manière différente) ne pourrait être absorbée, malgré ses caractéristiques élevées d'ablation, sans que ses nombreux organes se détériorent et que sa surface elle-même fonde. Les pertes énergétiques seraient par ailleurs très élevées du fait que la couche limite passerait automatiquement du régime laminaire au régime turbulent.

1. Quoique, selon les textes, cette action sur l'environnement gazeux puisse avoir deux autres fonctions totalement différentes, la première étant de stériliser la paroi de l'appareil avant le décollage pour éviter l'emport d'une planète à l'autre de germes qui pourraient résister aux conditions d'un voyage interstellaire et proliférer, la seconde de protéger la nef durant son vol balistique à travers l'univers gémellaire de l'impact de microcosmolithes, de microparticules, pouvant entraîner une abrasion rapide de la paroi externe de l'engin, même si le flux massique reste faible.

En résumé, le problème se réduit à contrôler ou à obtenir la maîtrise rigoureuse de ce que vous appelez la couche limite et la couche de choc, sans modification du profil du vaisseau de telle manière que l'écoulement gazeux puisse être régularisé, aussi bien le gradient de vitesse dans la section de la couche limite, en empêchant le passage du régime laminaire au régime turbulent. Il fallait par ailleurs contrôler pour chaque allure de vol la distance réelle des couches (de choc et couche limite) vis-à-vis de la paroi de l'engin, de telle manière que le transfert calorifique reste supportable. En dépit de ces actions, une protection supplémentaire est obtenue à l'aide d'une transpiration de lithium.

L'équipement, dont la fonction consiste à modifier le profil des gradients dynamiques dans les couches gazeuses voisines, se trouve dans la section annulaire de la couronne, de l'ailette circulaire entourant le vaisseau.

L'autonomie de vol peut ainsi être assurée dans de larges limites de tolérance. Dans l'atmosphère de notre planète, des conditions de vol standards correspondent ainsi à un nombre de Mach équivalant à 12. »

Ces données suscitèrent le développement d'un système de propulsion combinant une ionisation pulsée, créée par des ionisateurs pariétaux et un système à champ magnétique variable, créé par un, puis par plusieurs solénoïdes. Ce travail fut publié par Maurice Viton et moi-même, le 28 février 1977 (série B, t. 284, pp. 167-169) aux Comptes rendus de l'Académie des sciences de Paris, sous le titre : « Convertisseurs magnétohydrodynamiques d'un genre nouveau : appareils à induction ». Elle est plus précise que la note initiale publiée dans cette même revue le 15 septembre 1975 et qui débouchait elle aussi sur ce concept d'aérodyne MHD, aussitôt violemment combattu par l'académicien Evry Schatzman, qui y voyait « une violation des lois de la physique ».

Cette idée d'une propulsion par champ magnétique alternatif, couplée à une ionisation pulsée, fut reprise ultérieurement par le physicien belge Auguste Meessen.

Une seconde idée, présente dans le texte cité, concernait l'annihilation de la turbulence. Quelle que soit la manière dont on créait le champ de force électromagnétique autour de la machine, il devint rapidement évident que celui-ci pouvait avoir une action importante sur la couche limite et en fin de compte supprimer carrément la turbulence, résultat qui fut obtenu dès 1975. Pour le non-spécialiste, précisons ce que signifie ce mot barbare de « couche limite ». Le mécanicien des fluides nomme ainsi la couche, gazeuse ou liquide, où la vitesse varie assez fortement dans une direction perpendiculaire à la paroi, attendu que cette vitesse des molécules d'air doit être nulle au contact de l'objet en mouvement, par rapport à celui-ci (en mécanique des fluides, on convient toujours de repérer les vitesses par rapport à l'objet en déplacement). Lorsqu'une automobile se déplace dans l'air à 100 kilomères à l'heure, quel que soit son profilage, elle est entièrement enveloppée de cette « couche limite gazeuse ». Sur le capot la vitesse, repérée comme d'habitude par rapport au véhicule, ne passe pas de 0 à 100 kilomètres à l'heure en une épaisseur nulle. Cette variation s'effectue à travers une couche qui possède une épaisseur qui est au minimum de quelques milimètres, voire plus. La « laminarité » des filets fluides ne peut être assurée bien longtemps. La moindre aspérité déclenche un phénomène de turbulence. Si on place un véhicule dans une soufflerie et que l'on cherche à matérialiser l'écoulement gazeux autour de la carrosserie, cette transition du laminaire au turbulent devient parfaitement visible.

Dès 1975, en utilisant un montage relativement simple nous pûmes, Viton et moi-même, constater que la turbulence n'était pas une maladie inguérissable, inhérente à la mécanique des fluides, mais pouvait être annihilée à l'aide d'un champ de force *ad hoc*. J'avoue que ce premier résultat nous impressionna, car c'était une notion parfaitement neuve et une retombée immédiate de la lecture des textes. L'expérience fut effectuée à Toulouse, au DERMO. Le résultat fut obtenu au premier essai.

Lorsqu'un objet est placé dans un courant gazeux supersonique ou hypersonique, il se crée aussitôt une onde de choc frontale à travers laquelle la densité, la pression et la température subissent une variation brusque. Lorsque le nombre de Mach est supérieur à 3, on entre dans un domaine du vol dit hypersonique. L'onde de choc enveloppe alors étroitement la partie frontale de l'objet et c'est la raison pour laquelle on parle de « couche de choc ». Les textes ummites disaient explicitement que l'on pouvait agir sur cette couche de choc et réduire notablement les « gradients », c'est-à-dire les variations brusques des paramètres du gaz : densité, pression, température. Il s'agissait d'une idée parfaitement neuve car, jusqu'à ce que nous lisions ces textes, on professait dans toutes les universités et écoles d'ingénieurs que l'onde de choc était inévitable lors d'un vol supersonique et *a fortiori* hypersonique.

Dans d'autres documents nous trouvâmes que ce vol intra-atmosphérique pouvait s'effectuer dans un silence total. Bien que la solution n'ait pas été donnée en clair, le problème était au moins posé. Ceci allait contre les idées reçues. Dans un premier temps, je me souvins de la manière dont on pouvait simuler la naissance des ondes de choc autour d'un profil en utilisant l'analogie hydraulique [1]. Les idées présentes dans les documents Ummo nous amenèrent à reconsidérer un problème présenté comme classé. Des expériences de simulation hydraulique d'annihilation d'onde de choc furent réalisées fin 1976 et furent un succès. On montra que l'on pouvait totalement contrôler la « couche de choc » autour d'un objet et en particulier annihiler ces ondes indésirables. En étendant ces résultats aux gaz, traitant donc ainsi du vol supersonique, les simulations numériques effectuées sur ordinateur montrèrent que la couche de choc pouvait être contrôlée et même carrément éliminée. On pouvait à volonté contrôler l'écoulement gazeux autour d'un objet en limitant les « gradients » des différents paramètres, c'est-à-dire en régularisant totalement l'écoulement et en rendant le flux de chaleur acceptable.

Aujourd'hui, le concept de propulsion MHD s'est imposé. Les revues de vulga-

1. *Le Mur du silence, op. cit.*, et *Enquête sur les OVNI, op. cit.*

risation scientifique (comme *Science et vie* d'avril 1991) en font même état. On sait également que ce mode de déplacement permet de réduire sensiblement la turbulence, voire de la supprimer.

La question du vol hypersonique sans onde de choc ni turbulence n'est pas encore venue aux oreilles du grand public, mais il ne fait pour nous aucun doute que des nations comme les États-Unis et l'URSS y ont travaillé activement depuis le début des années soixante-dix. Le résultat essentiel est peut-être même déjà acquis, quoique couvert par un épais secret militaire, du moins en ce qui concerne une expérimentation en soufflerie, où le poids et l'encombrement de la source d'énergie ne comptent pas puisque celle-ci reste extérieure à la maquette. Il reste que les chiffres avancés par les documents sont impressionnants. Quand nous disposerons des mêmes moyens technologiques nous pourrons, nous aussi, faire évoluer dans l'air des machines environnées de plasma à Mach 12, sans bruit ni Bang! Ajoutons que ce type de propulsion est strictement non polluant. L'aérodyne MHD, dérivé de la nef ummite, est vraiment la machine volante du XXIe siècle.

Les univers jumeaux

Les scientifiques ont l'habitude de lier l'approche cosmologique à un formalisme extrêmement lourd et sophistiqué, fondé sur les notions de métrique et de calcul tensoriel. Historiquement, les modèles cosmologiques sur lesquels on se base classiquement à notre époque sont issus d'un travail effectué en 1921 par le mathématicien soviétique Friedman. Celui-ci apporta la première, ou plutôt les premières (puisqu'il y en avait trois) solutions de « l'équation de champ » proposée par Einstein. À partir de ces trois solutions, on pouvait construire trois devenirs d'univers. Dans le premier, celui-ci avait une courbure positive, était fermé sur lui-même, hypersphérique. Après une phase violente d'expansion, il cessait de croître, puis se contractait sur lui-même. Suivant la seconde solution, l'univers avait une courbure négative et connaissait un mouvement indéfini d'expansion. La troisième solution correspondait à cette dilatation sans limites, mais était associée à une courbure nulle [1]. Il s'agissait d'un univers dit euclidien.

Ces solutions apparaissaient après un travail mathématique considérable, des calculs pénibles, impénétrables pour un non-spécialiste. En 1934, un cosmologiste du nom de Milne, secondé par un nommé Mac Crea [2], montra que ce comportement du cosmos était contenu dans des équations plus simples, non relativistes, des équations relevant de physique newtonienne. En quelques lignes de calcul, ils avaient pu retrouver l'équation qui avait rendu Friedman célèbre. L'affaire fit, à l'époque,

1. Pour ces notions de courbure, voir mon ouvrage *Le Géométricon*, Éditions Belin.
2. W.H. Mac Crea et E.A. Milne, *Quart. Journal Maths*, 5, 1934, p. 73.

grand bruit et on mit du temps à comprendre pourquoi il en était ainsi. Le comportement du cosmos ne dépendait pas aussi étroitement qu'on l'avait cru de la relativité restreinte, qui rendait les choses si compliquées à manipuler. En débarrassant les équations de leurs aspects relativistes, c'est-à-dire en leur redonnant la forme introduite par l'Anglais Newton, Milne et Mac Crea purent recréer la magie des solutions de Friedman.

J'essayai de faire de même avec deux feuillets d'univers au lieu d'un. J'introduisis deux temps, s'écoulant symétriquement, et je tenais compte de cette propriété énantiomorphique. Ceci donna lieu à deux publications aux Comptes rendus de l'Académie, en 1977. Nous n'en avons présenté qu'une dans l'annexe, ayant pour titre : « Univers jumeaux, énantiomorphes, à temps propres opposés ».

Dans (1), p. 213, on voit les deux hypothèses d'inversion du temps (t_1 – t_2) et d'énantiomorphie (X_1 – X_2). La solution impose alors que les deux populations correspondent à la dualité matière-antimatière, voir p. 215, paragraphe 5. Dans la conclusion on lira que matière et antimatière (au sens cosmologique) appartiennent à deux espaces différents énantiomorphes et possèdent des flèches du temps opposées. C'est précisément en 1977, lorsque je parvins à ce résultat, que je commençai à croire que ces documents recelaient une information « non triviale », pour employer une expression chère aux mathématiciens. À titre de comparaison, nous pouvons citer des extraits des travaux d'Andreï Sakharov (dans l'ouvrage édité aux éditions Anthropos, p. 117) : « On propose ici une structure d'univers multi-feuillets, construit en raccordant par effondrement gravitationnel deux espaces à quatre dimensions, l'un étant situé dans le futur absolu de l'autre. » Ou encore (p. 143) : « On envisage ici des modèles cosmologiques de l'univers avec inversion du vecteur temps. » Un article antérieur [1] est cité où Sakharov suggérait que « tous les événements de l'univers pourraient être symétriques par rapport à l'instant de l'effondrement cosmologique ». Ce travail est dans la même veine que mon second article paru en 1977 [2], soit dix ans après celui de Sakharov.

Le pluricosmos

Dans les textes qui évoquaient les voyages cosmiques, il était explicitement fait allusion à un changement de repère *tridimensionnel*, lequel s'accompagnait d'une altération des distances et de la valeur locale de la vitesse de la lumière.

Citons la partie des documents s'y référant :

« Notre concept de temps présente sans doute des facettes nouvelles qui vous sont

1. A.D. Sakharov, ZhETF, Pis'ma 5 : 32 (1967); JETP Lett. 5 : 24 (1967).
2. J.-P. Petit : « Univers en interaction avec leur image dans le miroir du temps », CRAS du 6 juin 1877, t. 284, série A, pp. 1413-1416.

inconnues. En premier lieu nous ne pouvons considérer le temps comme une dimension ou un continuum, comme vous le faites vous-mêmes. On ne peut considérer un instant comme un point dans l'axe du temps. Il existe un aspect lié à cette question, que nous voudrions énormément souligner. Vous considérez que la plus grande vitesse que puisse atteindre une particule dans le cosmos est de 299 780 km/s (vitesse de la lumière) et que vous considérez comme " constante ". Indubitablement vous n'avez pas réalisé cette mesure de manière incorrecte. En effet c'est cette vitesse que nous avons enregistrée dans ce même cadre tridimensionnel. Mais il suffit de changer de cadre ou de système à trois dimensions pour que cette vitesse limite change notablement. Nous aurons ainsi une famille de valeurs

$$C_0, C_1, C_2 .... C_n$$

qui s'étend de $C_0 = 0$ *à* $C_n =$ *infini, chacune de ces valeurs étant associée à un référentiel donné...*

... La démarche d'Einstein n'était pas erronée, mais il ignorait que ce qu'il considérait comme une vitesse luminique constante ne l'était que dans un référentiel donné. »

Dans d'autres textes il était précisé que le rayon de courbure de l'univers R et la vitesse luminique c variaient en sens inverse. Quand R tendait vers zéro, c tendait vers l'infini, et vice versa. On expliquait également que le voyage interstellaire ne pouvait s'effectuer en un temps admissible qu'en changeant de repère tridimensionnel. Le gain était double : en considérant le monde comme la caverne de Platon, c'est-à-dire comme la projection d'une structure, d'une réalité extradimensionnelle, inaccessible à nos sens, sur ce fond de caverne, le changement de repère revenait à changer le mode de projection. Les objets constituant la nef et ses occupants étaient ainsi projetés, le mot est parfaitement adéquat, dans un autre référentiel où les distances étaient plus courtes et la vitesse de la lumière plus grande. Lorsque la nef refaisait surface après quelques mois passés à naviguer à une vitesse subluminique dans un autre référentiel, elle donnait l'apparence d'avoir voyagé à une vitesse vingt ou trente fois supérieure à la vitesse de la lumière (ou même beaucoup plus, selon les conditions du « plissement cosmique »), alors qu'elle était toujours restée en accord avec les principes de la relativité restreinte, à savoir que cette vitesse limite c restait indépassable. Il fallait simplement étendre le principe en écrivant : « On ne peut pas dépasser la vitesse de la lumière dans le référentiel où l'on se trouve. »

La question essentielle était de deviner quelle pouvait être la loi liant la valeur de cette vitesse de la lumière et le rayon de courbure cosmique R, représentant en quelque sorte la distance entre les objets. En m'inspirant d'une vision empruntée à la mécanique statistique [1], j'avais essayé de travailler, sans succès, sur un modèle où le produit Rc aurait été considéré comme constant. J'exposai cette vision au

1. Le théorème de Liouville.

colloque de Madrid, mais Dominguez me reprit et me dit que cette relation était fausse et que la véritable loi impliquait que Rc^2 soit constant. Il évoquait des textes auxquels je n'avais pas eu accès. J'avoue que, sur le moment, ceci me parut des plus hermétiques. Quatre ou cinq années plus tard, je m'investissais fortement dans le domaine de la relativité générale, en gardant toujours en tête les éléments du thème cosmique ummite. Tout cela donna lieu, *in fine*, à trois publications dans la revue *Modern Physics Letters A*, dont le referee fut le mathématicien Jean-Marie Souriau, lequel n'a pas particulièrement la réputation d'être un expert complaisant, et qui sont reproduites *in extenso*. Sauf pour une infime poignée de spécialistes, ces textes resteront sans doute totalement hermétiques pour le lecteur, bien que j'aie essayé de les accompagner de quelques pages plus vulgarisatrices. Elles ne sont là, en fait, que pour servir de preuve que l'on peut construire de la science de pointe à partir de données empruntées aux textes ummites.

La première hypothèse que je fis concernait la structure de ce que les Ummites appelaient le pluricosmos. Celui-ci était, selon les textes, constitué d'une infinité de paires d'univers. Mais ces univers, à la sauce ummite, étaient tridimensionnels et non quadridimensionnels. Or, rien dans ces textes n'était le fruit du hasard. Ce thème du référentiel tridimensionnel était sans cesse présent. Pour nous, scientifiques, l'univers ou un univers est nécessairement quadridimensionnel. C'est un espace-temps, avec trois dimensions d'espace et une de temps. Si les Ummites ne parlaient que de trois dimensions c'est qu'il pouvait s'agir d'états successifs de notre propre univers, depuis le Big Bang. C'était plus économique et, ce faisant, j'appliquais le principe cher à Occam : j'essayais de construire un modèle de Big Bang à c variable. Mon travail préliminaire consista à éplucher avec un soin extrême toute la théorie de la relativité générale. Celle-ci est basée sur la célèbre équation du champ d'Einstein, qui s'écrit :

$$G = \chi T$$

Que G et T soient des tenseurs intéressera peu le lecteur et à ce stade cela n'est pas vraiment important. Ce qui l'est c'est que dans cette théorie, la vitesse de la lumière c figure en un seul endroit, dans la constante d'Einstein χ. Celle-ci vaut :

$$\chi = -\frac{8 \pi G}{c^2}$$

π est simplement la constante 3,1416...

G est la constante de gravité et c la vitesse de la lumière.

Après avoir conçu sa célèbre équation de champ, Einstein se livra à une opération dite d'identification pour déterminer la valeur de la constante c qui y figurait. Or, en écarquillant les yeux, je m'aperçus que cette démarche impliquait que le rapport G/c^2 soit effectivement constant, *mais pas les deux séparément !* Ainsi G et c pouvaient varier au cours du Big Bang sans que les arcanes de la sacro-sainte relativité générale fussent violés. Il y eut, dans l'hiver 1987-1988, un moment assez fantastique chez le mathématicien Jean-Marie Souriau, considéré comme un des meilleurs spécialistes de la relativité générale au plan international et en tout cas un des seuls qui soient à la fois physicien théoricien, cosmologiste et mathématicien rigoureux, les choses n'allant pas forcément ensemble [1]. Souriau ne voulait pas en croire ses yeux et alla chercher son propre ouvrage *Géométrie et relativité* (Hermann, 1964). La fameuse phrase y figurait bien (p. 382) ainsi que le calcul initialement dû à Einstein et qui débouchait sur le calcul de la constante. Souriau n'avait cependant jamais remarqué ce détail, qui l'intrigua fort. Il ne me restait plus, après avoir libéré cette fichue constante absolue, qu'à réussir à construire un modèle qui tenait compte de cette nouvelle donne. Ce ne fut pas une mince affaire, mais j'avais un fil conducteur : je savais que l'énergie devait se conserver au cours de l'expansion et non la masse. C'était une des nouvelles phrases clefs des textes ummites. Ceci devait valoir également pour les photons, dont l'énergie est hv, où v est la fréquence et h la constante de Planck. v variait, puisqu'on observait un *red shift*, un glissement vers le rouge des objets lointains. C'était un fait d'observation et on reliait classiquement ceci à l'effet Doppler, à l'expansion de l'Univers. Pour conserver l'énergie, il me fallait conserver hv, c'est-à-dire faire varier la constante de Planck. Je m'appuyais aussi sur des conversations que j'avais eues avec mon ami l'académicien Jean-Claude Pecker et où nous arrivions à la conclusion : « Ou les constantes sont réellement des constantes absolues, ou elles varient toutes. » Milne avait d'ailleurs été le premier, dans les années trente, à évoquer une variation de la constante de Planck et son implication dans le *red shift*, dans le « rougissement des photons », ce qui revenait à imputer ce phénomène à la variation de h et non à un phénomène d'expansion. En son temps, Pecker essaya lui aussi de s'en prendre au dogme de l'expansion cosmique en développant avec Vigier la théorie de « la lumière fatiguée ». Ce n'était pas la lumière qui se fatiguait, puisque dans mon modèle elle conservait son énergie, c'était la constante de Planck qui variait en chemin...

Le travail déboucha pourtant et je renvoie le lecteur au premier article paru dans *Modern Physics Letters A*, intitulé : « An Interpretation of Cosmologic Model with Variable Light Velocity [2]. » Il s'agit de l'équation (5), p. 186. On reconnaît la fameuse loi Rc^2 = constante, ingrédient clef fourni par le réseau Ummo. Dans ce même article, l'équation de champ est résolue. Au lieu de retrouver, comme dans les modèles de Friedman, trois possibilités d'univers (une cyclique et deux correspondant à une expansion indéfinie), il n'y en avait plus qu'une. En dessous de l'équation (15) de la p. 188, on peut lire la phrase : « The only possible value for k is – 1. » En clair, la seule possibilité pour l'univers est de posséder une courbure négative. Or, les textes ummites sont clairs sur ce point. Ils disent que « l'univers est une hyper-

1. Témoin sa boutade favorite : « La physique théorique, c'est les mathématiques moins la rigueur et la physique, moins l'expérience. »
2. « Une interprétation du modèle cosmologique avec une vitesse de la lumière variable. »

sphère à courbure négative ». En prenant certaines phrases ummites à titre d'hypothèses et en m'en servant pour enrichir un modèle classique mais relativement « mobile », je voyais apparaître une conclusion. Il était impossible que ces textes soient dus au hasard. Celui qui les avait écrits connaissait nécessairement en profondeur la relativité générale et les théories de jauge. Par ailleurs, je ne vois pas un scientifique au monde qui se serait amusé à diffuser sous une forme aussi hermétique, entre 1962 et 1975, des informations potentiellement fécondes, sans chercher en priorité à les utiliser pour son propre compte. Car le profit de ce travail allait se révéler important. Bien sûr, ces résultats sont inapparents pour le profane qui n'y voit que des hiéroglyphes pharaoniques. Essayons tout de même de donner quelques nouveaux coups de lampe sur ces pages.

La solution développée à partir de l'équation (15), qui se substitue alors à celle d'Einstein, débouche sur un modèle d'univers à pression non nulle. Or, une des faiblesses mathématiques du modèle classique est précisément de devoir, à un certain moment, pour pouvoir résoudre les équations, faire l'hypothèse de cette nullité de la pression cosmique [1]. L'équation (18) qui paraîtra au lecteur bien mystérieuse exprime un nouveau résultat : la lumière ne peut faire le tour de cet univers, car le temps qu'elle consacrerait à ce voyage serait égal à l'âge du cosmos lui-même. Cette relation assure également un échange d'énergie permanent entre les particules depuis l'origine de l'univers puis pour un temps infini. Ceci justifie donc l'homogénéité cosmique, qui nécessite un brassage constant. Le lecteur pourra trouver cette homogénéité toute relative étant donné la découverte permanente de nouvelles structures : galaxies, amas de galaxies, énorme structure maculaire à l'échelle de centaines de millions d'années-lumière. Il s'agit en l'occurrence de l'homogénéité du rayonnement primordial, qui est le fossile de l'état de l'univers dans sa prime enfance. On ne possède pas actuellement d'explication de l'extraordinaire homogénéité de cette soupe de photons, qui ne peut se justifier que s'il existait dans le passé lointain de l'univers des collisions fréquentes entre éléments. Or, dans le modèle à vitesse de la lumière constante, cette époque est essentiellement non collisionnelle. Dans cette phase très primitive de l'univers, les particules s'éloignent les unes des autres à des vitesses qui excèdent celle de la lumière. Elles s'ignorent donc totalement. La « trop faible » valeur de c leur interdit de communiquer. C'est un paradoxe que le travail que j'évoque lève de façon élégante. Dans ce modèle, plus on se rapproche du Big Bang, plus la vitesse c croît. Elle est d'ailleurs infinie à « l'instant zéro » (bien que cette notion d'instant zéro soit remise en cause dans ce qui va suivre).

1. Ce qui revient à supposer que la vitesse de dérive des galaxies, qui est de quelques milliers de kilomètres par seconde, est négligeable devant la vitesse de la lumière qui est de 300 000 kilomètres par seconde. C'est physiquement raisonnable, mais cela n'est plus mathématiquement rigoureux, au sens strict.

Dans le second papier, publié en 1988, toujours sous la houlette de Souriau, et intitulé « Cosmological Model with Variable Light Velocity [1] : The Interpretation of Red Shifts », je montrais que ces calculs permettaient de retrouver tous les « observables ». Il ne s'agissait donc pas d'une nouvelle chimère mathématique, comme le sont la théorie des supercordes ou les théories de Linde et de Hawking, qui n'ont jamais eu le moindre support observationnel ou expérimental, mais de quelque chose qui acceptait honnêtement de se soumettre à l'épreuve de la confrontation avec les observations.

En cosmologie, l'observable fondamental, c'est le glissement vers le rouge des objets lointains, le *red shift*. À partir de l'intensité lumineuse reçue de sources supposées connues (les galaxies relativement proches) on peut, en cosmologie classique, calculer la distance et étalonner la fameuse loi de Hubble qui dit que la vitesse d'expansion est proportionnelle à la distance des objets vis-à-vis de l'observateur. Cette loi apparaît également comme une conséquence de la théorie de la relativité générale. Je retrouvais bien la même, pour les galaxies, c'est-à-dire une expression identique permettant de calculer leur distance par rapport à nous en fonction de leur glissement vers le rouge. Donc « les apparences étaient sauvées ». Or la science ne fait jamais que tenter de rendre compte d'apparences en se référant à un modèle interprétatif qui évolue constamment au cours de l'histoire. Sur ce plan, jusqu'à des distances de plusieurs milliards d'années-lumière je débouchais sur des observables identiques à ceux de la théorie classique. Souriau crut pendant un temps que ce travail ne faisait que reformuler différemment ce qu'on connaissait déjà. C'était faux puisqu'on avait une solution d'univers au lieu de trois, ce qui coupait court à un débat qui dure depuis un demi-siècle. L'homogénéité cosmique était conservée. Il y avait aussi d'autres propriétés mathématiques agréables dont je vous ferai grâce. La différence s'accusait à très grande distance, pour les très forts *red shifts*, c'est-à-dire dans le monde des quasars. Là, les observations pouvaient, à terme, permettre de trancher entre l'approche classique et la mienne.

L'approche classique suppose que les objets contenus dans l'univers ne grandissent pas avec lui. On admet que celui-ci puisse être en expansion, mais on considère que les galaxies, les amas de galaxies, les étoiles, les systèmes planétaires gardent une taille constante. Dans l'image du ballon qu'on gonfle (approche classique) on doit représenter les objets du cosmos comme des confettis collés sur le caoutchouc. Lorsqu'on souffle dans le ballon, des plis apparaissent entre les endroits où les confettis sont collés et le reste du ballon. Au pire, les confettis se décollent.

Tout cela a l'air risible, naïf, mais c'est loin de l'être. Dans mon travail, je n'avais rien fait d'autre que de changer de représentation, en dessinant les objets sur le ballon. Ils se dilataient alors avec lui. Ce qui voulait dire que cette nouvelle vision impliquait, en même temps que la dilatation de l'Univers, celle des amas de galaxies,

1. « Modèle cosmologique avec une vitesse de la lumière variable : l'interprétation des *red shifts* (du rougissement des objets lointains). »

des galaxies, des étoiles et des planètes, ainsi que des êtres humains, du reste. À ce stade le lecteur serait tenté de se dire : voilà encore quelque chose d'autre. D'où sort-il cela ? C'est la même chose que ce qui vient d'être présenté plus haut. La constance de l'envergure des objets traduit l'hypothèse de la conservation de leur masse, qui est une vieille réminiscence du principe introduit par Lavoisier, père de la chimie moderne. L'expansion des objets cosmiques en même temps que celle de l'univers traduit la préoccupation de conserver leur énergie.

Je sais que ces concepts sont déroutants, même pour un physicien. Que faudrait-il retenir de ce qui précède : que la relativité générale est une sorte de coffre-fort à combinaison, extrêmement solide et compliqué. C'est un coffre qu'on ne peut pas forcer. Dans les années vingt des gens comme Einstein, Minkowski, Robertson, Walker et Friedman ont apporté chacun un chiffre de la combinaison et une porte s'est ouverte. Mon travail tend à montrer qu'il existe un autre accès à ce coffre, une autre porte, basée sur une autre combinaison, l'ensemble étant tout aussi rigoureux mathématiquement. Cette autre porte s'est ouverte. J'en témoigne. Les constantes de la physique sont alors traitées comme des variables liées à un seul paramètre, par exemple le temps. Leurs lois d'évolutions sont déduites de considérations qui paraissent saines, comme ce thème de la conservation de l'énergie et cette symbiose entre les objets cosmiques et le tissu qui les porte (les dessins du pull se dilatent en même temps que le pull lui-même).

Mais alors, se dira-t-on, comment savoir qui a raison, qu'est-ce qui peut faire la différence de manière nette ? La réponse est dans le diamètre apparent des quasars. Deux chercheurs, Barthel et Miley [1], ont donné les premiers résultats dans la célèbre revue *Nature* en 1988. A petite distance, plus vous éloignez un objet de votre œil, plus son diamètre apparent diminue. Pour une raison qu'il serait trop difficile d'expliquer ici, lorsque l'objet atteint une distance se chiffrant en milliards d'années-lumière, plus il est éloigné et plus au contraire son diamètre apparent croît. Ce paradoxe extraordinaire est un résultat classique de la relativité générale. Plus précisément, son diamètre apparent devient proportionnel à sa distance.

Dans mon modèle, ce diamètre apparent tend au contraire vers une constante. Le premier modèle, classique, correspond à la courbe pointillée portée sur la figure 1, p. 209 du troisième article publié dans *Modern Physics Letters A* et intitulé : « Gauge Cosmological Model with Variable Light Velocity : III. Comparison with QSO Observational Data [2] ». L'abscisse représente la distance à l'observateur, l'ordonnée le diamètre apparent de l'objet. On voit que la courbe classique remonte vers les fortes distances et que celle de mon modèle tend au contraire vers une limite horizontale, non représentée d'ailleurs. Au milieu, le paquet de points issu des compilations de Barthel et Miley. Statistiquement ces résultats sont légèrement en faveur de ce

1. P.D. Barthel et G.K. Miley, dans *Nature*, 333 (1988).
2. « Modèle cosmologique de jauge avec vitesse de la lumière variable. Troisième partie : comparaison avec les données observationnelles des quasars. »

dernier, mais ce n'est évidemment pas probant. Il faudrait des valeurs correspondant à des *red shifts* z plus importants et suffisamment abondants pour que l'on puisse trancher entre les deux modèles. L'affaire se jouera sans doute dans les dix années à venir.

Quand un chercheur publie des âneries dans une revue de premier plan, en général, on ne le rate pas. Dans mon cas, c'est le silence total, que ce soit dans les revues de publication ou au cours de séminaires. Aucune attaque, aucune critique. J'ai pourtant été pris à partie par un nommé Lausberg, de l'Institut d'astrophysique de Bruxelles, lors d'une réunion organisée par la SOBEPS [1] il y a deux mois, à propos de la récente vague d'ovnis en Belgique :

– Je n'apprécie pas, me dit-il, cette façon que vous avez eue d'accrocher une annexe scientifique à un ouvrage grand public (il faisait allusion à mon *Enquête sur les OVNI*).

– Ça n'est pas un livre destiné exclusivement au grand public. Je considère que c'est un ouvrage scientifique écrit par un scientifique.

– Je n'aime pas du tout ce modèle à vitesse de la lumière variable que vous présentez dans votre livre. Tout cela ne paraît pas avoir de sens.

– Écoutez, c'est très simple. Moi j'ai joué le jeu. J'ai mis en forme mon travail et je l'ai publié dans une revue scientifique au top niveau. Faites-en autant avec vos critiques. Mettez-les à plat sous forme d'une lettre que vous publierez dans la même revue. C'est la règle, si vous ne le faites pas, c'est que vous n'avez rien à dire.

Tout cela me rappelait les critiques de l'académicien Evry Schatzman qui prétendait, il y a quinze ans, que les aérodynes MHD ne pouvaient pas voler et que « des théorèmes fondamentaux s'y opposaient », alors qu'aujourd'hui les sous-marins à propulsion électromagnétique naviguent, y compris dans les pages de *Science et vie*. Dans un ouvrage intitulé *Les Enfants d'Uranie*, le même académicien rééditait quelques années plus tard son acte de foi en affirmant qu'un engin ne peut pas évoluer dans l'air à vitesse supersonique sans bruit, cette fois sans aucun argument construit. Dans cinq ou dix ans, les ondes de choc seront annihilées autour d'une maquette plongée dans un courant gazeux supersonique. Cela serait tout à fait faisable avec la technologie dont nous disposons actuellement et je suis intimement convaincu que les Américains ont *déjà* réalisé cette expérience, relativement simple eu égard aux moyens dont ils disposent, au Lawrence Livermore Laboratory où, selon le professeur Kunkle, responsable du département des hautes énergies de Berkeley, ce type de recherche, considérée comme liée au phénomène ovni, est traité comme un domaine ultra-secret.

Il restait une chose évidente : cette affaire Ummo m'avait mené fort loin et avait orienté mes recherches pendant de longues années. J'avais, en me basant sur les

1. Société belge d'étude des phénomènes spatiaux.

quelques indications éparses trouvées dans les documents, remis en cause des dogmes solidement établis et produit des travaux, soit probants, dans le cas de la MHD, soit au moins de qualité et présentant une forte cohérence interne, dans le cas de la cosmologie. Nous avons dans cette partie du livre insisté sur des coïncidences heureuses. Je ne pense pas qu'elles puissent être dues au simple hasard. Celui qui a fourni cette nouvelle clef de la combinaison du coffre savait qu'elle fonctionnerait.

La cohérence interne du dossier

Lorsque j'avais eu en main, en 1975, les premiers textes se référant à la cosmologie, où je découvrais ce thème gémellaire, avec ses deux univers aux flèches du temps inversées, le passé de l'un étant en quelque sorte dans le futur de l'autre, je pensais qu'un tel thème devait impliquer un langage mathématique particulier. À cette époque, j'imaginais qu'un codage linguistique pourrait permettre, dans une même phrase, dans une même « proposition », de décrire un phénomène physique à la fois dans le sens passé-futur et dans le sens futur-passé. Précisons que je n'ai pas trouvé, à ce jour, un tel langage mathématique, mais je fus extrêmement surpris de retrouver cette idée, quelques années plus tard, dans un nouveau rapport ummite. Jean-Jacques Pastor peut en témoigner, même s'il n'est pas lui-même scientifique. En effet, dans ces rapports ultérieurs, les Ummites insistèrent sur la difficulté considérable qu'ils éprouvaient à traduire leur pensée dans un langage terrestre, à cause de difficultés purement linguistiques. Nous sommes sans cesse obligés, disaient-ils, de taire l'énorme flux informatif qui nous vient immédiatement à l'esprit sur un thème quelconque, faute de pouvoir le traduire dans un langage qui vous soit accessible. À ce stade ils précisaient que, lorsqu'il s'agissait de décrire des aspects un peu sophistiqués du cosmos, ils recouraient à un double codage, sémantique et fréquentiel. Une phrase était une suite de phonèmes, plus un bégaiement systématique, un redoublement ou un triplement de ceux-ci. Le message apportait donc une première information de par son analyse sémantique immédiate, puis une seconde par lecture du code numérique associé au bégaiement. Un exemple.

En disant : « Le le univers est est est en expansion expansion expansion », cela pourrait se lire de deux façons :

– « l'univers est en expansion »

– plus la proposition : 2-3-2.

Cette dernière devant être lue à travers un autre codage, numérique, signifiant par exemple « l'univers est contraction ». La lenteur de l'expression était, selon ces rapports, largement compensée par la richesse informative. Ce mode d'expression débouchait alors sur un discours *bisynchronique*, décrivant les phénomènes à la fois dans le sens passé-futur et futur-passé [1]. Autrement dit, c'était exactement ce que j'avais imaginé comme conséquence logique de cette nouvelle vision de l'univers. J'y ai vu, à l'époque, une preuve de la cohérence interne du discours présent dans ces textes, phénomène qui devait se reproduire à de nombreuses reprises [2].

On notera au passage que cette écriture permet de dire, entre autres, une chose et son contraire. Cela peut faire sourire, mais cela va beaucoup plus loin qu'on ne le pense. Quoi que nous fassions, notre discours logique est enfermé depuis deux mille ans dans un carcan aristotélicien, écartelé entre le vrai et le faux, selon le principe du tiers exclu (lequel prétend qu'une proposition ne peut être que vraie ou fausse, pas les deux à la fois). Or, cela aussi était dit avec insistance dans les textes ummites, qui appelaient, en insistant sur des travaux comme ceux du mathématicien Bertrand Russell [3], à une indispensable révision du langage, en disant : « Tant que vous ne franchirez pas ce pas, vous ne ferez aucun progrès conséquent. »

L'idée d'un double langage, d'un bilangage, n'est pas neuve. Nous la pratiquons en permanence. Dans la vie de tous les jours, notre langage est multiple. Si je dis : « je vais lui rendre ce que je lui dois », cette phrase peut revêtir des sens multiples selon l'intonation que j'y mets. Cela peut aller de la simple affirmation à la négation, en utilisant une vocalisation évoquant la dérision. Même chose si j'assortis à cette phrase une gestuelle particulière. La phrase citée, prononcée de manière neutre, mais associée cette fois à un « bras d'honneur », change totalement de signification. Depuis Freud et Lacan, on sait aussi que le conscient et l'inconscient mêlent leurs discours dans les phrases des hommes, simplement à travers le choix des mots. Nous avons tous « la langue fourchue ».

Les illusionnistes pratiquent le bilangage avec un art consommé en utilisant d'ailleurs, pour certains, le second codage du bégaiement, qui passe inaperçu lors qu'on ne prête pas systématiquement l'oreille. Amusez-vous à construire une telle technique. On peut imaginer par exemple que le fait de redoubler le premier mot d'une phrase signifie simplement qu'elle est fausse. Ainsi, si le compère de l'illusionniste (lequel a les yeux bandés) lui dit :

1. Bien sûr, était-il aussitôt précisé, lorsqu'il s'agissait de choses plus simples, une phraséologie plus conventionnelle était utilisée. On ne recourt pas à un savant mélange d'une description diachrone et rétrochrone pour dire : « Je voudrais acheter un kilo de pommes. »

2. De la même manière, en 1975 j'avais imaginé qu'un tel discours devait nécessairement entraîner une « logique à quatre valeurs de vérité » dont les éventualités seraient (vrai-vrai), (vrai-faux), (faux-vrai) et (faux-faux), thème que je devais retrouver des années plus tard dans de nouveaux rapports. Voir annexe scientifique.

3. Le premier, historiquement, à avoir mis l'accent sur des propositions dites indécidables, échappant à la notion simpliste de vrai et de faux, en produisant son célèbre paradoxe du barbier, qui « rase les gens qui ne se rasent pas eux-mêmes et exclusivement ceux-là ». Alors, disait Russell, qui rase le barbier ? Un type plus simple de proposition indécidable, ni vraie ni fausse, consiste simplement à dire « je mens » (si cette proposition est vraie, alors elle est fausse, et vice versa).

– Pouvez-vous me dire, pouvez-vous me dire, monsieur : cette dame porte-t-elle des lunettes ?

Ainsi formulée, la question entraînera une réponse négative, qui surprendra l'assistance. Les possibilités sont infinies.

En guise de conclusion

Dans cette annexe scientifique je peux et dois ne présenter que ce qui a fait effectivement l'objet de publications scientifiques dans des revues au top niveau, contrôlées par des referee. Au moment où j'écris ces lignes j'ai des travaux en cours, qui trouvent leur source dans la fameuse petite phrase, entendue par Dominguez à Madrid, et constituant la réponse d'un Ummite de service à sa question sur les trous noirs : « Les trous noirs n'existent pas. Lorsqu'une étoile à neutrons devient instable, sa masse est transférée dans l'univers jumeau. »

On trouvera une discussion sur ce thème dans l'annexe scientifique de l'ouvrage cité, pp. 365 à 364. Je pense que cette phrase est porteuse de sens et que les trous noirs... n'existent pas. Lorsque l'étoile à neutrons dépasse la masse critique, équivalant à deux fois et demie celle du soleil, les forces de répulsion entre neutrons, la pression interne, ne sont plus capables de contrebalancer la monstrueuse force de gravité. L'étoile implose. Pour contourner le problème de l'issue d'une telle implosion qui, *in fine,* amènerait une masse aussi formidable dans un volume équivalent à celui d'une tête d'épingle, les scientifiques ont construit cette chimère mathématique nommée trou noir, où le résultat de l'implosion était simplement repoussé dans un futur infini (n'est-ce pas là que le mot « censure cosmique », introduit par Penrose à propos des trous noirs, prend toute sa saveur ?). Je ne suis pas le seul à le penser. Souriau, comme tous les mathématiciens, est le premier à remarquer que cette solution, décrivant un milieu hyperdense, est une issue d'une équation de champ décrivant... un univers vide, où la matière n'existe pas ! Cette critique fondamentale est incontournable. Une description correcte du phénomène impliquerait un recours à l'équation de champ complète, ce que personne n'a pu faire jusqu'ici.

La vision que j'en ai actuellement est différente. Lorsque l'étoile commencerait son mouvement d'implosion, une singularité naîtrait en son centre qui la « dévorerait » complètement. Puis cette singularité se refermerait sur elle-même, le tout ne durant que quelques dixièmes de millièmes de seconde. Qu'y aurait-il à l'intérieur de cette singularité ? Rien, strictement rien, tout simplement parce que la topologie locale deviendrait hypertorique et non hypersphérique. Les physiciens n'utilisent pas ce type de description actuellement, faute de pouvoir la manier correctement mathématiquement. Il est vrai que ce n'est pas simple. À mon avis, ce processus de disparition de l'étoile à neutrons n'est que la version naturelle de la disparition de la nef lors de son changement de référentiel. Les textes disent bien qu'après accomplissement de ce transfert hyperspatial, à l'emplacement où se trouvait le véhicule il n'y a *rien*, ni particules ni photons. Cette information n'est pas innocente. En effet, pour un physicien théoricien, le vide absolu n'existe pas. Le vide, là où toute matière est absente, est empli de photons. Si les photons sont absents, c'est que ce n'est pas le vide mais une absence pure et simple de tissu spatio-temporel. Autrement dit, l'emplacement où se trouvait la nef est équivalant à un col torique. Chercher ce qui se trouve à cet emplacement est aussi vain que de chercher à savoir quelle est la nature du caoutchouc qui se trouve sur l'axe d'une chambre à air. On est simplement hors de la chambre à air. Cette recherche sur les trous noirs est passionnante. On pourrait en résumer l'enjeu en disant :

« Si les trous noirs existent, alors les ovnis n'existent pas, et vice versa. »

Dans d'autres textes il est dit que ce transfert « inverse la masse ». Il n'y a plus qu'à essayer une fois de plus de combiner toutes ces petites phrases entre elles. La solution est peut-être au bout.

Où se trouve la nef après son transfert ? Dans une autre région de l'espace-temps et à une époque différente, plus proche du Big Bang. Pour que le gain soit appréciable, il faudrait que cette époque corresponde à une situation où les galaxies n'existent pas encore. Le voyageur verrait alors l'univers dans sa forme primitive. Les textes précisent qu'il ne distinguerait alors que des masses informes, aux contours flous. À mon avis, il s'agit de l'état de l'univers lorsqu'il n'est âgé que de 100 000 ans. Celui-ci est alors peuplé d'amas d'hydrogène équivalent à 100 000 masses solaires (les protos amas globulaires).

À ce stade, le lecteur serait tenté de se dire : si la nef se transporte alors dans le passé, ne peut-elle revenir à son point de départ pour créer du désordre dans son propre passé ? On retrouve alors le thème du *Voyageur imprudent*, de Barjavel. Mais si on se réfère au premier papier de *Modern Physics Letters A* on tombe sur un résultat qui élimine toute possibilité de paradoxe. Il s'agit de la dernière équation de la page 188, qui montre que l'horizon L(t) est sans cesse égal au rayon cosmique R(t). En clair, pour se télégraphier à soi-même, à la vitesse de la lumière, il faut un temps qui est égal... à l'âge de l'univers lui-même. Donc, c'est impossible. Cette dernière relation constitue l'ultime assurance « antiparadoxe ». Ce dénouement heureux ne me paraît pas non plus le fruit du hasard. Pas plus que l'apparition d'une entropie qui se présente bien à propos pour remplacer la variable temps, peu opératoire, et qui illustre une phrase des documents :

« Nous ne comprenons pas pourquoi vous faites sans cesse une distinction entre l'entropie et le temps, puisque l'entropie *c'est* le temps. »

Nous en resterons là, sous peine de nous embarquer dans des considérations mathématiques qui n'intéresseraient que le spécialiste.

ANNEXE 2

Modern Physics Letters A, Vol. 3, No. 16 (1988) 1527–1532

AN INTERPRETATION OF COSMOLOGICAL MODEL WITH VARIABLE LIGHT VELOCITY

JEAN-PIERRE PETIT
*Observatoire de Marseille**

Received 1 June 1988

A cosmological model with variable c, h, G is proposed. The characteristic lengths of physics (Compton, Jeans, Schwarzschild) are assumed to vary like $R(t)$. Both light and matter's worlds are found to obey the same law $R \approx t^{2/3}$. The Planck constant is found to vary like t and the gravitation one like $1/R$, while the Planck length vary like R. The particle masses follow $m \approx R$. The Hubble law still applies. The redshifts come from the secular variation of the Planck constant.

1. Introduction

Since 1930, the constancy of several so-called constants of physics have been criticized by many authors.[1,2,3,4] Accurate laboratory measurements show that these values appear quite constant in today's space time field, which is very small with respect to the whole space time, although Van Flandern[6] claimed observa tional evidence of the variation of the gravity constant G. As far as we can see, the extension of the constancy of the light velocity, and other so-called "fundamental constants" over the overall cosmic scale is a still debatable hypothesis. The purpose of this paper is to examine some of the consequences of a model in which the "constants" (especially the light velocity) are assumed to vary with time.

2. The Possible Secular Variation of *c*

Milne[1] first tried to propose an attempt of this type. He suggested that the observed redshifts are due to some secular change of the Planck constant and not to the classical Doppler effect. If the energy of the travelling photon remains constant, the apparent decrease of the observed frequency would only be due to the linear increase of h with the cosmic time t. In addition, Milne[1] suggested a decrease in time of the gravity constant G.

Similarly, Hoyle[2] argued against the assumption of the constancy of the mass content of the universe. He also suggested a secular change of G and constant creation of matter. Dirac,[3,4] starting from a hypothesis on the variation in time of some large numbers built with characteristic physical quantities (like the ratio of

*For scientific correspondence: Chemin de la Montagnère, 84120, Pertuis, France.

the electromagnetic force to the gravitational force), got a variable G and a constant creation of matter. Later, Canuto and Hsieh,[8] Lodenquai[5] and Julg[7] explored some consequences of Dirac's initial idea. But, surprisingly, no one contested the absolute constancy of c.

In the field equation, the so-called Einstein constant χ is determined by identification to the Poisson equation, which gives

$$\chi = -\frac{8\pi G}{c^2}. \tag{1}$$

The quantity χ must be an absolute constant with respect to the four dimensions, for the field equation to be divergenceless. But once the identification mentioned above refers to a steady situation, it does not imply the absolute constancy of G and c. A world model could a priori be built, with variable G and c, with respect to the cosmic time (which will be defined later) if the ratio G/c^2 remains an absolute constant.

In the sequel of the paper, we are going to analyze the effects of a secular variation of the light velocity.

3. Suggesting Gauge Relations

The Robertson-Walker metric, based on the isotropy and homogeneity assumptions, leads to the following system

$$-\frac{8\pi G}{c^2}\rho = \frac{3k}{R^2} + \frac{3}{R^2}\left(\frac{dR}{dx^0}\right)^2, \tag{2}$$

$$-\frac{8\pi G}{c^2}\left(\frac{p}{c^2}\right) = -\frac{k}{R^2} - \frac{1}{R^2}\left(\frac{dR}{dx^0}\right)^2 - \frac{2}{R}\frac{d^2R}{dx^{0^2}} \tag{3}$$

In this system, k is the sign of the curvature, p the pressure and ρ the density of energy-matter. In the classical model, we define the cosmic time t from the chronological variable x^0, by $x^0 = ct$, where c is considered as an absolute constant. In addition, the wavelength of the photon varies like R.

Let us consider the less restrictive condition

$$dx^0 = c(t)\,dt \tag{4}$$

which represents an alternative interpretation of the chronological parameter x^0. We are now going to relate the main physical constants to R, considered as a gauge parameter

$$c \approx \frac{1}{\sqrt{R}} \quad \text{or} \quad Rc^2 \approx \text{constant}, \tag{5}$$

$$m \text{ (particle's mass)} \approx R\,, \tag{6}$$

$$h \approx R^{3/2}\,, \tag{7}$$

$$G \approx 1/R\,. \tag{8}$$

With reference to relation (1), notice that G/c^2 = constant. In addition, if V is the relative velocity of a given element, for example, the random velocity of a galaxy in a cluster, or the velocity of a free particle in a cloud, we assume that V follows the secular variation

$$V \approx R^{-\frac{1}{2}} \tag{9}$$

If we suppose that the number of particles is conserved, the matter density ρ obeys

$$\rho \approx 1/R^2\,. \tag{10}$$

As a consequence, we can express the cosmic evolution through a gauge process, i.e., the Compton wavelength, the De Broglie wavelength, the Schwarzschild length and the Jeans length are found to vary like R.

In addition, our model still considers mc^2 = constant and

$$\frac{mc^2}{\sqrt{1-\dfrac{V^2}{c^2}}} \approx \text{constant}\,. \tag{11}$$

The classical model saved the masses, assumed to be constant, but not the total matter-energy, through the variation of the cosmic background energy. In our scenario, it is just the reverse: the energy-matter is constant in time, not the masses. In addition, one should notice that the quantity Gm^2/R, which can be considered as a characteristic gravitational energy, is conserved.

Since the energies are conserved in our model, the moment as defined as mV' varies like $R^{1/2}$. It is only constant if we define them as $\rho u' c$.

Finally the Planck length varies with time like $R(t)$, the Planck time varies like t and the gravitational forces like $1/R(t)$.

4. The Evolution Equation

Introducing Eq. (4) into the systems (2), (3), we obtain the following equations

$$\frac{2\,R''}{R} + \frac{2\,R'^2}{R^2} + \frac{kc^2}{R^2} = \chi p\,, \tag{12}$$

$$\frac{1}{R^2}(R'^2 + kc^2) = -\chi\frac{\rho c^2}{3}. \tag{13}$$

The use of the following equation of state

$$p = \frac{\rho\beta^2 c^2}{3} \qquad \text{with } 0 < \beta \leq 1 \tag{14}$$

leads to

$$\frac{2R''}{R} + \frac{R'^2}{R^2}(2 + \beta^2) + \frac{kc^2}{R^2}(1 + \beta^2) = 0. \tag{15}$$

In the case where $R = at^m$, the parameter β disappears from Eq. (15). From Eq. (5), $Rc^2 = R_0 c_0^2$ is an absolute constant, R_0 and c_0 being the present values of the gauge parameter R and light velocity c. The only possible value for k is -1, which means that in our model the curvature is negative. Then the evolution law becomes

$$R = \sqrt[3]{\frac{g}{4} R_0 c_0^2}\, t^{\frac{2}{3}}. \tag{16}$$

Here, contrary to the classical models, light and matter obey the same evolution law. Moreover,

$$R = \frac{3}{2} ct. \tag{17}$$

If we know t_0, the age of the universe, and c_0, the present value for the light velocity, we could derive the present value of the gauge parameter of the universe $R_0 = (3/2)\, c_0\, t_0$, with the use of

$$L(t) \equiv \int_0^t c(\tau)\, d\tau \equiv R(t). \tag{18}$$

The consequence is that the horizon is found to be identical, at any time, to the gauge factor $R(t)$.

5. Gauge Invariance of some Fundamental Equations

Let us take first the Vlasov equation, referring to collision free fluids. $f(\mathbf{r}, \mathbf{V}, t)$ is the velocity distribution function, which depends on the position vector $\mathbf{r}$, the velocity vector **V** and the time t. Ψ is the gravitational, e.g., $m\partial\Psi/\partial\mathbf{r}$ is the force acting on the particle whose mass is m.

$$\frac{\partial f}{\partial t} + \mathbf{V}\cdot\frac{\partial f}{\partial \mathbf{r}} - \frac{\partial \Psi}{\partial \mathbf{r}}\cdot\frac{\partial f}{\partial \mathbf{V}} = 0\,. \tag{19}$$

Introduce non-dimensional variables, such that

$$t = t^*\,\tau\,;\, f = f^*\,\xi\,;\, \mathbf{V} = V^*\,\mathbf{w}\,;\, \mathbf{r} = R^*\,\zeta\,;\, \Psi = (G^*\,m^*/R^*)\,\varphi$$

Equation (19) becomes

$$\frac{1}{t^*}\frac{\partial \xi}{\partial \tau} + \frac{V^*}{R^*}\mathbf{w}.\frac{\partial \xi}{\partial \zeta} - \frac{G^*\,m^*}{R^{*2}\,V^*}\frac{\partial \varphi}{\partial \zeta}\cdot\frac{\partial \xi}{\partial \mathbf{w}} = 0\,. \tag{20}$$

Introduce the precedent gauge relations $G^* \approx 1/R^*$, $m^* \approx R^*$. The dimensional analysis of Eq. (20) gives $V^* \approx 1/(R^*)^{1/2}$ and

$$R^* \approx t^{*2/3}. \tag{21}$$

These relations can be interpreted as gauge relations and related to the solution (16). Consider now the Schrödinger equation

$$-\frac{h^2}{2m}\nabla^2\Psi + U\Psi = -i\,h\frac{\partial \Psi}{\partial t}\,. \tag{22}$$

Introduce $t = t^*\,\tau$, $\mathbf{r} = R^*\,\zeta$, $h = h^*\eta$, $m = m^*\,\mu$, $U = U^*u$. The dimensional analysis of Eq. (22) gives

$$\frac{h^{*2}}{2m^*\,R^{*2}} \approx U^* \approx \frac{h^*}{t^*}, \qquad \text{i.e.,} \qquad \frac{t^{*2}}{R^{*3}} \approx U^* \approx \text{constant}, \tag{23}$$

i.e., $R^* \approx t^{*2/3}$. Now let us write the Maxwell equations, referring to an empty space

$$\nabla \times \mathbf{E} = -\frac{\partial \mathbf{B}}{\partial t}, \tag{24}$$

$$\nabla \times \mathbf{B} = \frac{1}{c^2}\frac{\partial \mathbf{E}}{\partial t}, \tag{25}$$

and write $\mathbf{E} = E^*\,\boldsymbol{\varepsilon}$, $B = B^*\boldsymbol{\beta}$, $\mathbf{r} = R^*\,\zeta$, $t = t^*t$, $c = c^*\,\omega$. We get

$$\frac{E^*}{R^*}\frac{\partial}{\partial\zeta}\times\varepsilon = -\frac{B^*}{t^*}\frac{\partial\beta}{\partial\tau} \tag{26}$$

$$\frac{E^*}{R^*}\frac{\partial}{\partial\zeta}\times\beta = \frac{E^*}{c^{*2}\,t^*}\frac{\partial\varepsilon}{\partial\tau}\,. \tag{27}$$

Combining with $c^* \approx 1/R^{*1/2}$, we refind $R^* \approx t^{2/3}$.

6. Conclusion

In this paper, we have derived some of the implications of letting the fundamental constants vary with time. This can only be done with the addition of some further gauge constraints. Following Milne's suggestion[1], the classical interpretation of the redshift in terms of the Doppler effect has to be replaced by another one taking into account the secular change of the Planck constant. The fundamental parameters R and c are related to each other by some gauge relation. The particle masses vary like R while the energy-matter and the gravitation energy are conserved.

This model predicts that the cosmological horizon $L(t)$ should be identical to $R(t)$, which would justify the overall homogeneity of universe. The curvature of space should be negative and the gauge relationship between R and t should be $R \approx t^{2/3}$.

The Planck's constant would vary like t, and the gravitational constant G like $1/R$, the Planck's length would vary like R, and the Planck's time would vary like t. The gravitational force would vary like $1/R$.

References

1. E. A. Milne, *Kinematic Relativity* (Oxford, 1948).
2. F. Hoyle and J. V. Narlikar, *Cosmological models in conformally invariant gravitational theory, Mon. Notices Roy. Astr. Soc.* **155** (1972) 305–325.
3. P. A. Dirac, *Nature* **139** (1973) 323.
4. P. A. Dirac, 1973 *Proc. Roy. Soc. London* **A333** (1973) 403.
5. V. Canuto and J. Lodenquai , *Dirac cosmology, Appl. J.* **211** (1977) 342–356.
6. T. C. Van Flandern, *Is the gravitational constant changing? Appl. J.* **248** 813–816.
7. A. Julg, *Dirac's large numbers hypothesis and continuous creation, Appl. J.* **271** (1983) 9–10.
8. V. Canuto and S. H. Hsieh, *The 3 K blackbody radiation, Dirac's large numbers hypothesis, and scale-covariant cosmology, Appl. J.*, **224** (1978) 302–307
9. R. Adler, M. Bazin and M. Schiffer, *Introduction to general relativity* (McGraw Hill, 1965).
10. J. M. Souriau, *Géométrie et relativité*, ed. Hermann (France, 1964).

ANNEXE 3

Modern Physics Letters A, Vol. 3, No. 18 (1988) 1733–1744

COSMOLOGICAL MODEL WITH VARIABLE LIGHT VELOCITY: THE INTERPRETATION OF RED SHIFTS

JEAN-PIERRE PETIT

*Observatoire de Marseille**

Received 11 July 1988

The model with variable c, G, h presented in Ref. 1 is extended to electromagnetism. The entropy is found to vary like $\log t$ and, in a space-entropy representation, the metric is conformally flat. A new gauge relation is suggested, based on geometrical considerations, which corresponds to a Rydberg constant varying like R. The Hubble's law still applies. The age of the universe is unchanged while its span is found to be half of the Mattig's value. The complete decoding of the red shift can be done. The distances of the sources are very similar. The large volumic power densities of distant quasars could have been greatly overestimated, while the increase of their absolute magnitude, as derived from the classical theory, could be due to the secular variation of c. Assuming the electron-proton mass ratio to vary like R, we get a fine structure constant α, a Bohr radius and a ratio of electromagnetic force to gravitational force which behave like absolute constants.

1. Introduction

Several authors tried to develop models with physical constants in time varying with time.[2,3,4,5,6,7,8,9] None questioned the light velocity c, always considered an absolute constant. If one wants to save the form of the conservation equations, the Einstein's constant $\chi = -8\pi G/c^2$ must be considered as an absolute constant. In such conditions, if one wants to keep the light velocity c as an absolute constant c, and a variable gravitational constant G, one must add a source term to the field equation (see Ref. 3). Thus, all these theories imply a constant creation of matter.

In a previous paper[1] we showed that a variable light-velocity could lead to a consistent model if both G and the Planck's constant h followed convenient gauge relations. Thus, the constant creation of matter was no longer necessary. The extension of the Robertson-Walker metric to a variable light velocity configuration and its introduction into the field equation gave a complete set of gauge relations. Let us recall the main features of the model described in Eq. (1)

$$c \approx \frac{1}{\sqrt{R}} \approx t^{-1/3} \tag{1}$$

* Postal address: Chemin de la Montagnère, 84120 Pertuis, France.

$$m \text{ (particle's mass)} \approx R \tag{2}$$

$$h \text{ (Planck' constant)} \approx R^{3/2} \approx t \tag{3}$$

$$G \text{ (gravity constant)} \approx 1/R \tag{4}$$

$$R \text{ (characteristic length)} \approx t^{2/3} \tag{5}$$

$$V \text{ (velocity of a free particle)} \approx R^{-1/2} \approx c \tag{6}$$

$$\rho \text{ (mass density)} \approx 1/R^2 \tag{7}$$

$$mc^2 = \text{constant}. \tag{8}$$

The following is a short digression on entropy.

2. Time or Entropy?

The relativistic formulation of the velocity distribution function is

$$f = n\left(\frac{m}{2\pi kT}\right)^{3/2} \frac{1}{cK_2\left(\frac{mc^2}{kT}\right)} \sqrt{\frac{2\pi kT}{m}} \exp\left(-\frac{mc^2}{\sqrt{1-\frac{v^2}{c^2}}}\right), \tag{9}$$

where m is the rest mass, T the temperature, n the number of density and K_2 a Bessel function. If $\beta = (\langle v^2 \rangle^{1/2}/c) \ll 1$, then we get the classical Maxwell-Boltzmann velocity distribution function

$$f = n\left(\frac{m}{2\pi kT}\right)^{3/2} e^{-mv^2/2kT}. \tag{10}$$

Let us compute the entropy per baryon, as defined by

$$s = -\frac{k}{n}\iiint f \log f \, du \, dv \, dw = -k\langle \log f \rangle \tag{11}$$

where k is the Boltzmann's constant. We have $n \approx R^{-3}$, $m \approx R$ and $Rt^{2/3}$, $T = \text{constant}$ (see Ref. 1), such that

$$\log f = \log A(\beta) - \log t - \frac{2}{\beta^2 \sqrt{1-\frac{v^2}{c^2}}}. \tag{12}$$

Then

$$s = k \log t + H(\beta). \tag{13}$$

In the model, β is gauge invariant such that $s \approx \log t$.

In the classical cosmology, the universe is isentropic. One could consider it somewhat paradoxical that such an enormous change in time goes with an almost zero entropy variation. In the new model, the entropy grows with time. Notice that the BIG BANG singularity corresponds to $s = -\infty$.

Let us now define the entropy through

$$s = 3/2k \log t. \tag{14}$$

Let us return to the Robertson-Walker metric

$$dS^2 = c^2\,dt^2 - R^2\,\frac{du^2 + u^2\,d\theta^2 + u^2 \sin^2\theta\,d\varphi^2}{(1 + u^2)^2}. \tag{15}$$

We get

$$dS^2 = R^2\left\{ds^2 - \frac{du^2 + u^2\,d\theta^2 + u^2\sin^2\theta\,d\varphi^2}{(1 - u^2)^2}\right\}. \tag{16}$$

In the representation {entropy, space variables}, the metric is *conformally flat*. From a cosmological point of view, the entropy (which is invariant with respect to the Lorentz transform) could be a better choice than time.

In addition, if we describe the universe in a phase space (position plus velocity), we find that the associated characteristic hypervolume R^3c^3 varies similarly to t.

3. The Red Shift and the Robertson-Walker Metric

Consider a radiating object, say a nebula N_1, which could be considered as a particle. Suppose his light is observed on a nebula N_2 placed at the origin of the co-moving coordinates The nebula N_1 is characterized by the value of its time-independent distant marker ζ, defined by the relation

$$d\zeta = \frac{\{du^2 + u^2(d\theta^2 + \sin^2\theta\,d\varphi^2)\}^{1/2}}{1 + \frac{k}{4}u^2}. \tag{17}$$

The light emitted at time t_1 is observed on N_2 at a time t_2 with $t_2 > t_1$.

The distance between N_1 and N_2 is $R(t)\,d\zeta$ and is time-dependent, but $d\zeta$ is not. Light travels on a null geodesic

$$ds^2 = (dx^0)^2 - R^2 d\zeta^2 = 0,$$
$$\zeta = \int_{x_1^0}^{x_2^0} \frac{dx^0}{R(x^0)} \text{ is an invariant.} \tag{18}$$

Consider the light emitted by N_1 at a corresponding value $x_1^0 + \Delta x_1^0$ of the chronological parameter. It will be received at $x_2^0 + \Delta x_2^0$, where it will be determined through the relation

$$\int_{x_1^0+\Delta x_1^0}^{x_2^0+\Delta x_2^0} \frac{dx^0}{R(x^0)} = \zeta. \tag{19}$$

Consider Δx_1^0 as the equivalent of the period of some physical phenomenon, the emission of radiation for instance, taking place on N_1 and Δx^0 to be short compared to the equivalent of the travel time from N_1 to N_2 (in terms of the chronological parameter x^0). The periodic phenomenon will appear, as seen from N_2, to have a "period" Δx_2^0 which, from the above relation, will be such that the increment of the θ integral will be zero.

This, by elementary calculus, gives

$$\frac{\Delta x_2^0}{R(x_2^0)} - \frac{\Delta x_1^0}{R(x_1^0)} = 0. \tag{20}$$

Let us introduce the cosmic time t as defined before through $dx^0 = c\,dt$ and write $R(x_1^0) = R_1$, $R(x_2^0) = R_2$, $c(x_2^0) = c_2$, $c(x_1^0) = c_1$, then we get

$$\frac{\Delta t_2}{\Delta t_1} = \frac{R_2}{R_1}\frac{c_1}{c_2}. \tag{21}$$

4. The Problem of Electromagnetism

Now we cannot assert that the energy $E_i(t_1)$, emitted by the atom at time t_1 would be identical to the corresponding emission energy $E_i(t_2)$ of a similar atom, at time t_2, in laboratory conditions. The light emission is an electromagnetic process. Everyone knows that the classical field description, applied to a four-dimensional space time does not take in charge the electromagnetic phenomenon. To get a complete description of the universe, gravitation and electromagnetism should be imbedded in a common geometrical framework. Unfortunately, it has not yet been done in a satisfactory way so that our work will now lose somewhat its self-consistency. Suppose, for instance, that the Rydberg constant (ionization energy of hydrogen) would obey simply the following hypothetic gauge relationship

$$E_i \approx R\gamma. \tag{22}$$

(Notice that this is a totally arbitrary assumption.) Let us explore the consequences of it on the red shift decoding. Later we will try to relate it to possible gauge relations.

5. The Red Shift Phenomenon

In the classical description, the red shift z is due to the Doppler effect, plus some special relativity additional effect. The index 1 refers to the emitter and the index 2 to the receiver. For a given spectroscopic line, call $E_1 = h_1 v_{10}$, the emission energy, and $E_2 = h_2 v_{20}$, the corresponding emission energy, in today's lab's conditions, for the same line. The light is emitted by an atom at rest at the frequency $v_1 = v_{10}$, corresponding to the wavelength $\lambda_1 = c_1/v_1 = \lambda_{10}$.

Here, v_2 will be the measured reception frequency, with $\lambda_2 = c_2/v_2$ and $\lambda_{20} = c_2/v_{20}$. The energy of any radiative process will follow the general assumed gauge law (22).

We can define the red shift z:

1. As the ratio between the wavelengths

$$1 + z = \frac{\lambda_2}{\lambda_{20}} = \frac{\lambda_2}{\lambda_1}\frac{\lambda_{10}}{\lambda_{20}}, \tag{23}$$

$$\frac{h_1 v_{10}}{h_2 v_{20}} \approx \left(\frac{R_1}{R_2}\right)^{\gamma} \text{ with } \frac{h_1}{h_2} \approx \frac{t_1}{t_2} \approx \left(\frac{R_1}{R_2}\right)^{3/2},$$

$$\frac{v_{10}}{v_{20}} \approx \left(\frac{R_1}{R_2}\right)^{\gamma}\left(\frac{R_2}{R_1}\right)^{3/2} = \left(\frac{R_1}{R_2}\right)^{\gamma-(3/2)}, \tag{24}$$

$$\frac{\lambda_{10}}{\lambda_{20}} \approx \frac{c_1}{c_2}\frac{v_{20}}{v_{10}} \approx \left(\frac{R_2}{R_1}\right)^{1/2}\left(\frac{R_2}{R_1}\right)^{\gamma-(3/2)} = \left(\frac{R_2}{R_1}\right)^{\gamma-1},$$

then we get

$$1 + z = \left(\frac{R_2}{R_1}\right)^{\gamma}. \tag{25}$$

Notice that, for $\gamma = 1$, we refind the classical model.

2. As the ratio between the frequencies

$$1 + z = \frac{v_{20}}{v_2} \text{ with } v_2 = \frac{c_2}{\lambda_2} \text{ and } v_{20} = \frac{c_2}{\lambda_{20}}, \tag{26}$$

we get the same result.

3. As the ratio between the energies

$$1 + z = \frac{h_2 v_{20}}{h_1 v_{10}} \approx \left(\frac{R_2}{R_1}\right)^{\gamma}. \tag{27}$$

We obtain the same result. The classical relation suggests the choice of $\gamma = 1$.

6. The Hubble's Law and the Robertson Walker Metric

Let us expand the function $1/R(t)$ into a series with respect to

$$\varepsilon = \frac{c_2(t - t_2)}{R_2}, \tag{28}$$

we get

$$\frac{1}{R(t)} = \frac{1}{R_2} + \frac{R_2'}{R_2 c_2}\varepsilon + \frac{1}{c_2^2}\left(\frac{R_2'^2}{R_2} - \frac{R_2''}{2}\right)\varepsilon^2 + O(\varepsilon^3). \tag{29}$$

In R_2' and R_2'', the prime denotes differentiation with respect to t. In particular, at the first order,

$$z = \left(\frac{R_2}{R_1}\right)^{2-\gamma} - 1 = (2 - \gamma)\frac{R_2'}{c_2}\varepsilon. \tag{30}$$

Next, expanding the following expressions

$$\int_{t_1}^{t_2} \frac{c\,dt}{R} = \zeta,$$

$$\zeta = \frac{c_2}{R_2}(t_2 - t_1) + \left(\frac{c_2}{R_2}\right)' \frac{\{t_2 - t_1\}^2}{2} + O\{(t_2 - t_1)^3\} \tag{31}$$

$$\zeta = \varepsilon + \frac{1}{2c_2}\left(\frac{c_2}{R_2}\right)' \varepsilon^2 + O(\varepsilon^3).$$

Referring to the first order,

$$c_2 z \cong (2 - \gamma) R_2' \zeta. \tag{32}$$

As a first approximation, the astronomer measures $d_2 \cong R_2\zeta$, such as

$$c_2 z \cong (2 - \gamma)\frac{R_2'}{R_2} d_2 \tag{33}$$

Which is nothing but the Hubble's red shift law, which still applies in these variable light velocity conditions. From the measurement of d_2, c_2 and z, we can derive the so-called Hubble's constant, i.e., the age of universe.

Take $R = 3/2ct$ (see Ref. 1).

$$R' = \frac{3}{2}(c + tc') = \frac{3}{2}c\left(1 + t\frac{d\log c}{dt}\right) = c. \tag{34}$$

The age of universe corresponds to

$$t = (2 - \gamma)\frac{2}{3}\frac{d_2}{c_2 z}. \tag{35}$$

A $\gamma = 1$ value gives the standard model value.

7. The Red Shift and the Distance Evaluation

Let us return to the Robertson-Walker metric, which provides

$$\int_{t_1}^{t_2} \frac{c\,dt}{R} = \int_0^u \frac{dw}{1 + k\dfrac{w^2}{4}}. \tag{36}$$

In the classical approach, take the Einstein-de Sitter model ($k = 0$). We get

$$\int_{t_1}^{t_2} \frac{c\,dt}{R} = u. \tag{37}$$

With $R = at^{2/3}$, we have

$$\int_{t_1}^{t_2} \frac{c\,dt}{R} = \frac{3c}{a}(t_2^{1/3} - t_1^{1/3}) = \frac{3c}{a}\left(1 - \frac{1}{\sqrt{1+z}}\right) = \frac{3ct_2}{at_2^{2/3}} = \frac{3ct_2}{R_2} = u,$$

whence

$$d_2 = R_2 u = 3ct_2\left(1 - \frac{1}{\sqrt{1+z}}\right). \tag{38}$$

If z is weak, $d_2 \approx 3/2ct_2z$; if z tends to infinity, d_2 tends to $3ct_2$.

Of course the Mattig's formula gives the same result

$$u = \frac{c}{R_2 H_2 q_2^2(1+z)}\{q_2 z + (q_2 - 1)\sqrt{1 + 2q_2 z} - 1\},$$

$$q_2 = \frac{1}{2} \rightarrow u = \frac{4c}{R_2 H_2 (1+z)}\left(\frac{z}{2} - \frac{1}{2}\sqrt{1+z} + \frac{1}{2}\right),$$

$$u = \frac{2c}{R_2 H_2}\left(1 - \frac{1}{\sqrt{1+z}}\right), \quad d_2 = R_2 u, \quad H_2 = \frac{2}{3t_2}.$$

Let us return to the Robertson-Walker metric, following our model, with $k = -1$

$$ds^2 = (dx^0)^2 - e^{g(x^0)} \frac{b^2}{1 - \dfrac{abr^2}{4}} (dr^2 + r^2\, d\theta^2 + r^2 \sin^2\theta\, d\varphi^2),$$

we write

$$\frac{|ab|}{4} = \frac{1}{r_0^2} \quad \text{or} \quad b = \frac{4}{ar_0^2}.$$

$$ds^2 = (dx^0)^2 - \frac{e^{g(x^0)}\left(\dfrac{16}{a^2 r_0^4}\right)}{\left(1 - \left(\dfrac{r}{r_0}\right)^2\right)^2} (dr^2 + u^2\, d\theta^2 + u^2 \sin^2\theta\, d\varphi^2).$$

Let

$$e^{g(x^0)} \frac{16}{a^2 r_0^4} = R(t).$$

Then

$$ds^2 = c^2\, dt^2 - R^2 \frac{(du^2 + u^2\, d\theta^2 + u^2 \sin^2\theta\, d\varphi^2)}{(1-u^2)^2}.$$

For radial paths,

$$c\, dt = \frac{R\, du}{1 - u^2}, \quad \int_{t_1}^{t_2} \frac{c\, dt}{R} = \operatorname{Arg\,th} u,$$

$$c = c_2\left(\frac{t_2}{t}\right)^{1/3}, \quad R = R_2\left(\frac{t}{t_2}\right)^{2/3},$$

$$\log(1+z) = \operatorname{Arg\,th} u,$$

$$u = \frac{(1+z) - \dfrac{1}{(1+z)}}{(1+z) + \dfrac{1}{(1+z)}},$$

$$d_2 = R_2 u = \frac{3}{2} c_2 t_2 \frac{(1+z)^2 - 1}{(1+z)^2 + 1}. \tag{39}$$

When z tends to infinity, we refind the horizon $(3/2)c_2t_2$, which is twice smaller than the standard value $3c_2t_2$.

Notice that this is completely similar to the law giving v_r/c (where v_r is the radial velocity) as a function of z, in the standard model.

Let us compare the distances as given by our model and the standard model,

$$\eta = \frac{(1+z)^2 - 1}{(1+z)^2 + 1} \frac{1}{2 - \dfrac{2}{\sqrt{1+z}}}. \tag{40}$$

They are similar for weak z values.

8. The Quasars Problem

Quasars correspond presently to z values ranging from 0.13 to 4. The diameters of quasars are estimated from their fluctuation period T. We get a maximum diameter of cT. With respect to the standard approach, this model gives larger values, for c was larger in the earlier time.

The volumic power is referred to the size of the galaxies. Call P_{QSO} the absolute power emitted by a quasar and P_G the absolute power emitted by a galaxy. The relative power density of the QSO, with respect to a galaxy, is

$$\pi = \frac{P_{QSO}}{(cT)^3} \frac{\text{Volume galaxy}}{P_G}. \tag{41}$$

But in our model the galaxies are no longer constant in size. They grow with time. Suppose the quasar is imbedded in a galaxy. The size of this galaxy will grow like $(1+z)$. As such our correcting term, with respect to the standard values for power density, will involve three effects

a. change for the distance (they are a little bit closer); b. change for the diameter (due to the variation of c); c. change of the galaxy's size.

Given P_{QSO} and P_G, the coefficient (57) becomes $\pi' = \pi\xi$ with

$$\xi = \eta^2 \frac{1}{(1+z)^3} \frac{1}{(1+z)^{3/2}} = \frac{\eta^2}{(1+z)^{9/2}}, \tag{42}$$

i.e.,

$$\xi = \frac{1}{4}\left\{\frac{(1+z)^2 - 1}{(1+z)^2 + 1}\right\}^2 \frac{1}{(\sqrt{1+z} - 1)^2 (1+z)^{7/2}}. \tag{43}$$

z	η	ξ	
0	1	1	
0.13	1.025	0.606	the closest quasar
0.2	1.03	0.467	
0.5	1.048	0.177	
1	1.024	0.0463	
1.5	0.985	0.0157	
2	0.946	0.0063	
2.5	0.912	0.00296	
3	0.882	0.00152	
3.5	0.856	0.000842	
4	0.834	0.0005	the most distant quasar
5	0.8	0.000201	
6	0.771	0.0001	
7	0.75	0.0000485	
8	0.731	0.0000275	
9	0.71	0.0000162	
10	0.7	0.0000102	

We see that this correction reduces the absolute magnitude of the observed quasar, and that this correction increases with z. Thus, if this model is good, the classical model would have greatly overestimated the volumic power density of quasars. In addition, the observed increase of absolute magnitude of quasars could be due to the secular change in c. Classically, the galaxies' span is related to the Jeans' length, but the model does not provide any available information about the sizes of some emitting objects like stars or quasars. It depends on the energy emission process. As we have not defined a possible gauge relation for the fusion coefficients, we have no available model yet. Anyway the quasars could grow in time, like galaxies, and the observations tend to support this hypothesis. That will be examined in more detail in the next paper devoted to the detailed interaction of the model and available observations.

9. Associated Gauge Relations

The ionization energy of hydrogen obeys $E_i = 1/2\alpha^2 m_e c^2$, where α is the fine structure constant and m_e the mass of the electron. We have assumed that $E_i \approx R\gamma$ with $\gamma = 1$, in order to fit with the classical model. (See Eqs. (25), (33) and (35).) Introduce the electron-proton mass ratio $\delta = m_e/m_p$. According to the first paper,[1] $m_p \approx m_n \approx m \approx R$ such that mc^2 is an absolute constant. Then

$$\alpha^2 \delta \approx R. \tag{44}$$

The fine structure constant α and the electron-proton mass ratio δ cannot be kept constant together. We shall consider two possibilities.

9.1. *Let us take first $\delta \approx$ constant*

Then

$$\alpha = \frac{e^2}{2\varepsilon_0 hc} \approx \sqrt{R}. \tag{45}$$

Introducing the gauge relations for h and c, we get: $e^2/\varepsilon_0 \approx R^{3/2}$ and the electromagnetic force $F_{em} = e^2/4\pi\varepsilon_0 R^2 \approx R^{-1/2}$. Then

$$\frac{\text{Gravitational force}}{\text{Electromagnetic force}} \approx \frac{1}{\sqrt{R}}, \tag{46}$$

which is similar to an old idea of Dirac (Refs. 4, 5).

Let us compute the Bohr radius

$$a_0 = \frac{h^2 \varepsilon_0}{\pi m_e e^2} \approx \sqrt{R}. \tag{47}$$

9.2. *Now we take $\alpha \approx$ absolute constant*

Then $m_e \approx R^2$ and $e^2/\varepsilon_0 \approx R$. The Compton length of the electron $h/m_e c$, the ratio of gravitational force to the electromagnetic force and the Bohr radius become absolute constants.

In Refs. (10) to (13) several authors studied the possible variability of several quantities: α, $\alpha^2(g_p/g_e)(m_e/m_p)$, m_e/m_p, where g_p and g_e are the gyromagnetic ratios of the proton and the electron. Following B.E.G. Pagel,[13] we have

Effect	Quantity	Approximate 3σ upper limit to variation
Optical doublet splitting.	α	3%
Comparison of optical and 21 cm redshifts.	$\alpha^2(g_p/g_e)(m_e/m_p)$	10^{-3}
Comparison of hydrogen and metal redshifts.	$\delta = m_e/m_p$	50%

As a consequence, we choose the second possibility, with a variable mass ratio. Notice that in both cases we get $g_p/g_e \approx 1/R$.

10. Conclusion

Here we tried to extend the model introduced in Ref. 1 to electromagnetism. A gauge law was suggested: we assumed the ionisation energy E_i (Rydberg constant) to vary like $R\gamma$. Local geometrical considerations recommend the value $\gamma = 1$, which takes into account the desonization process during the cosmic evolution. The distance of a radiative source, as derived from the Robertson-Walker metric, gives results quite similar to the standard model values, but this new model tends to reduce considerably the estimated density power of distant sources like quasars. In addition, the increase of absolute magnitude in z, as derived from the classical model, could be due to the secular variation in c.

With an electron-proton mass ratio $\delta = m_e/m_p$ which varies like R, we get a fine structure constant α which behaves like an absolute constant.

References

1. J. P. Petit, *An interpretation of cosmological model with variable light velocity, Mod. Phys. Lett. A.*
2. E. A. Milne, *Kinematic Relativity* (Oxford, 1948).
3. F. Hoyle and J. V. Narlikar, *Cosmological models in conformally invariant gravitational theory, Mon. Notices Roy. Astr. Soc.* **155** (1972) pp. 305–325.
4. P. A. Dirac, *Nature* **139** (1937) 323.
5. P. A. Dirac, *Proc. Roy. Soc. London* **A333** (1973) 403.
6. V. Canuto and J. Lodenquai, *Dirac cosmology, Ap. J.* **211** (1977) 342–356.
7. T. C. Van Flandern, *Is the gravitational constant changing?, A. P. J.* **248** 813–816.
8. A. Julg, *Dirac's large numbers hypothesis and continuous creation, A. P. J.* **271** (1983) 9–10.
9. V. Canuto and S. H. Hsieh, *The 3 K blackbody radiation, Dirac's large numbers hypothesis, and scale-covariant cosmology, A. P. J.* **224** (1978) 302–307.
10. B. E. J. Pagel, *On the limits to past variability of the proton-electron mass ratio set by quasar absorbtion line redshifts, Mon. Not. astr. Soc.* (1977), short communication, 81P–85P.
11. A. M. Wolfe, R. L. Brown and M. S. Roberts, *Limits on the variation of fundamental atomic quantities over cosmic time scales*, Phys. Rev. Lett. **37** (1976).
12. A. D. Tubbs and A. M. Wolfe, *Evidence for large-scale uniformity of physical laws, A. P. J.* **236** (1980) L105–108.
13. B. E. J. Pagel, *Implication of quasar spectroscopy for constancy of constants, Phil. Trans. R. Soc. Lond.* **3310** (1983) 245–247.

ANNEXE 4

Modern Physics Letters A Vol. 4, No. 23 (1989) 2201–2210

GAUGE COSMOLOGICAL MODEL WITH VARIABLE LIGHT VELOCITY: III. COMPARISON WITH QSO OBSERVATIONAL DATA

J. P. PETIT* and M. VITON†

**Observatoire de Marseille, 2 Place Le Verrier, 13004 Marseille, France*

†Laboratoire d'Astronomie Spatiale, Traverse du Siphon, 13012 Marseille, France

Received 25 July 1989

After a complement to previous papers on the gauge invariance of the Boltzmann collisional operator, we compare a recent homogeneous set of data on radio-QSOs, including angular sizes and bending of lobes, with what is expected from either our new cosmological gauge model or several conventional models. It is shown that the new gauge model provides a much better fit to the angular size distribution versus redshift than the Friedman model with $q_0 = 1/2$, and similarly to the bending, thanks to crude hypotheses on the mechanisms involved with the formation of jets.

1. Introduction

In Refs. 1 and 2, hereafter paper I and paper II, respectively, J. P. Petit has previously developed a cosmological model in which all the so-called constants of physics were made free, so that he had to introduce new physical laws, *gauge laws*, to link conveniently these constants: c (velocity of light), G (gravitation constant), h (Planck's constant), m_e (electron mass), m_P and m_N (proton and neutron masses). It was shown at first that the General Relativity Theory does not require the absolute constancy of G and c separately, but only the absolute constancy of the ratio G/c^2 (Einstein's constant of the field equation). This brought the first linking relation. The other came from geometric considerations: He assumed that the characteristic lengths like Jeans length, Schwarzschild length and Compton length followed the variation of the scale parameter $R(t)$.

Combining these new physical laws gave the following relations:

$$c \propto R^{-1/2} \quad \text{or} \quad Rc^2 = \text{constant} \tag{1}$$

$$m_P \quad \text{and} \quad m_N \propto R \tag{2}$$

$$h \propto R^{3/2} \tag{3}$$

$$G \propto R^{-1} \tag{4}$$

$$V\,(\text{velocity}) \propto R^{-1/2} \tag{5}$$

$$\rho \propto R^{-2}. \tag{6}$$

This new cosmological model, with negative curvature and non-zero pressure, was found to be indifferently filled by photons or matter or a mixture of both, and to obey the single law:

$$R = \sqrt[3]{\frac{9}{4} R_0\, c_0^2}\; t^{2/3}. \tag{7}$$

In paper II, the Hubble's law was shown to result from the secular variation of the Planck's constant ($h \propto t$) and not from the expansion process. In this constant energy model, geometrical considerations made some characteristic energies like the ionisation energy to vary like $R(t)$, and this was found to be consistent with additional gauge relations applying to electromagnetism. Then it appeared possible to derive the distances of light sources from the redshift data. They went out as being quite close, for moderate z values, to the classical values derived from the Friedman model with $q_0 = 1/2$, since the ratio:

$$\frac{\text{distance (present model)}}{\text{distance (Friedman model)}} = \frac{(1+z)^2 - 1}{(1+z)^2 + 1} * \left(2 - \frac{2}{\sqrt{1+z}}\right)^{-1} \tag{8}$$

remains close to unity within 5% for $z \leq 2$.

2. A Short Complement about the Gauge Invariance

In paper I, Sec. 5, it was demonstrated that some fundamental equations (Vlasov's, Schrödinger's, Maxwell's) were invariant under the suggested gauge relations. Let us show that the Boltzmann collisional operator is invariant too, writing this equation:

$$\frac{\partial f}{\partial t} + \mathbf{V}\frac{\partial f}{\partial \mathbf{r}} - \frac{\partial \Psi}{\partial \mathbf{r}}\frac{\partial f}{\partial \mathbf{V}} = \int (f' f_1' - f f_1) g\, b\, db\, d\varepsilon\, du\, dv\, dw, \tag{9}$$

where f is the velocity distribution function, g the relative velocity of two particles in an encounter, b a length (impact parameter). Introduce adimensional variables through:

$$\begin{cases} t = t_* \tau;\; f = f_* \xi;\; \mathbf{V} = V_* \mathbf{w};\; g = V_* \gamma;\; \mathbf{r} = R_* \zeta \\ \Psi = (G_* m_* / R_*)\psi;\; b = R_* \beta. \end{cases} \tag{10}$$

The characteristic velocity distribution function is:

$$f_* = n_* \left(\frac{m_*}{2\,\pi\,k\,T}\right)^{3/2} \exp - \left(\frac{m_* V_*^2}{2kT}\right). \tag{11}$$

Following the gauge relations as defined in paper I, $G_* m_*/R_* \propto R_*^{-1}$, $V_* \propto R_*^{-1/2}$, $m_* \propto R_*$ ($m_* V_*^2$ is constant), and the energy kT is constant. To sum up $f \propto R_*^{-3/2}$, whence:

$$\frac{1}{t_*}\frac{\partial \xi}{\partial \tau} + \frac{V_*}{R_*}\mathbf{w}\frac{\partial \xi}{\partial \zeta} - R_*^{-3/2}\frac{\partial \psi}{\partial \zeta}\frac{\partial \xi}{\partial \mathbf{w}} = R_*^{-3/2}\int (\xi'\,\xi'_1 - \xi\,\xi_1)\,\gamma\,\beta\,d\beta\,d\varepsilon\,d_3\,\mathbf{w}. \tag{12}$$

Such a dimensional analysis gives terms varying respectively like t_*^{-1}, $V_*/R_* = R_*^{-3/2}$, $R_*^{-3/2}$, which implies again:

$$R_* \propto t_*^{2/3} \tag{13}$$

and consequently the invariance of the Boltzmann operator.

3. Observational Tests

After this short parenthesis, let us turn to a comparison of several models with the radio data on 134 QSOs recently published by Barthel and Miley (Ref. 3, hereafter BM), in which they show that distant QSOs have smaller angular sizes, larger bendings and higher luminosities than those nearby. Amongst many observable parameters such as number counts of galaxies or radio-sources, a number of attempts have already been made in the past to compare the distribution of angular sizes versus redshift with a variety of models, because this test has been generally claimed as one of the bests (see, for example, Kapahi, Ref. 4 and La Violette, Ref. 5). Most of the previous conclusions were that the standard Friedman models did not fit at all (with $q_0 = 1/2$) or fitted poorly (with $q_0 = 0$) the data, and that, curiously, only exotic models (such as the "tired-light cosmology", see Refs. 4 and 5) or the classical static model fitted satisfactorily. But all the data used were limited to redshifts $z \leq 1.5$, while the new data compiled by BM reach $z = 2.91$ and therefore we can expect a much higher sensitivity to cosmological and/or evolutionary effects in all their data. Note however that we do not intend to discuss here the given intrinsic powers, since the physical mechanisms involved in the generation of relativistic astrophysical jets are not yet clearly understood.

The situation is apparently simpler concerning the angular size and bending of radio-sources, since geometric properties are mainly concerned *a priori* in both cases, though we cannot ignore that important systematic effects might be at work and the reader is referred to the related comprehensive discussion of BM on the detailed mechanisms involved. In short:

— interactions with the intergalactic medium (IGM) can disrupt very efficiently the initially collimated jets, resulting into the formation of large, turbulent lobes (Ref. 6) of lesser extension: if it is clear that such effects can modify significantly the angular size distribution at a given redshift, more complicated mechanisms have been invoked by BM to explain the stronger bending of lobes observed at large redshifts

— possible evolutionary effects in all the elementary mechanisms implicated above, including gauge processes not yet identified

— observational bias such as the well-known Malmquist's, inducing an underestimate of angular sizes for distant QSOs.

Now, let us suppose in this paper that all such potential effects are not dominant in the data, i.e., the distributions of angular size and bending versus redshift may be considered as good tests for discriminating between different cosmological models and show that the new gauge model provides better fits to these distributions than do the conventional models, except the classical static model which provides again a slightly better fit to the data, despite its physical grounds being no more acceptable.

3.1. *The angular size*

Let subscript 1 refer to the emission epoch and subscript 2 to the reception epoch: since the light emitted by the edges of a source at time t_1 follows radial paths, the angular size ϕ is conserved for a present observer, so that we can write classically, whatever the model

$$\phi = \frac{D(t_1)}{d(t_1)},$$

where $D(t_1)$ is the linear diameter of the source and $d(t_1)$ its metric distance.

In the classical static model, $D(t) = D$ constant, $R(t) = R$ constant, and $d(t_1) = R\,z$ whence

$$\phi = \frac{\phi_0}{z}.$$

In the Friedman model with $q_0 = 1/2$ (the so-called Einstein-de Sitter's), $D(t_1) = D$ constant, $R(t_1) = R(t_2)/(1 + z)$, and $d(t_1) = R(t_1)\,u$ where

$$u = 2\left(1 - \frac{1}{\sqrt{1+z}}\right)$$

and therefore some kind of a paradox arises since the angular size obeys:

$$\phi = \phi_0 \frac{(1+z)^2}{2(1+z-\sqrt{1+z})}.$$

This function is a *minimum* for $z = 1.25$, and then it tends to grow linearly with z.

While in the Friedman model with $q_0 = 0$, $u = z$ whence:

$$\phi = \phi_0 \frac{1+z}{z},$$

where the angular size tends to a constant when z tends to infinity.

Now, with the new gauge model we have $D(t_1) = D(t_2)/(1+z)$, $R(t_1) = R(t_2)/(1+z)$, and $d(t_1) = R(t_1)\,u$ also but with

$$u = \frac{(1+z)^2 - 1}{(1+z)^2 + 1}$$

and the angular size obeys:

$$\phi = \phi_0 \frac{(1+z)^2 + 1}{(1+z)^2 - 1}.$$

When z tends to infinity, ϕ tends to a constant similar to the Friedman model with $q_0 = 0$ but more rapidly. In order to compare quantitatively how these models fit the data, let us write: $\phi = \phi_0 f(z)$ where $f(z)$ is the characteristic function as predicted above by each model. Linear regressions have then been performed between $f(z)$ and the "largest angular size" (LAS after BM) data, either for their complete sample of 134 QSOs, or for various sub-samples according to the morphologies defined by BM. It was found that the one-sided lobe ("D2") sources, cannot be distinguished from the two-sided lobes ("T" and "D1") sources, and so they were included in the final reduced sample of 95 extended objects to which we refer hereafter, thus excluding the steep spectrum core ("SSC") and the complex ("C") sources.

The results of the regressions were as follows, all the given linear coefficients and their rms error bars being in arc second units:

— with the *static model*

$$\phi = (20.0 \pm 2.0)f(z) - (2.6 \pm 19.7)$$

for the complete sample, and

$$\phi = (23.0 \pm 2.0)f(z) + (0.1 \pm 18.8)$$

for the reduced sample.
— with the *Friedman* $q_0 = 0$ *model*

$$\phi = (20.0 \pm 2.0)f(z) - (22.6 \pm 19.7)$$

for the complete sample, and

$$\phi = (23.0 \pm 2.0)f(z) - (22.9 \pm 18.8)$$

for the reduced sample.
— with the *Einstein-de Sitter model*

$$\phi = (28.8 \pm 2.9)f(z) - (89.3 \pm 20.1)$$

for the complete sample, and

$$\phi = (31.4 \pm 3.1)f(z) - (93.2 \pm 20.0)$$

for the reduced sample.
— with the *gauge model*

$$\phi = (21.5 \pm 2.1)f(z) - (19.1 \pm 19.6)$$

for the complete sample, and

$$\phi = (24.5 \pm 2.2)f(z) - (18.6 \pm 18.7)$$

for the reduced sample.

It is clear that the new gauge model provides a fairly better fit to the data than the Einstein-de Sitter's since, whatever the sample, the moderate constant term it implies is marginally significant from a statistical point of view and therefore the (expected) zero value is highly probable. The situation is quite opposite to the conventional model, whatever the sample here, since the constant term there is highly significant from a statistical point of view and its large, negative value is unacceptable on theoretical grounds, unless one supposes that very strong systematic effects such as those suspected above are at work in the data. These results are illustrated in Fig. 1, a plot of the data in which different symbols have been given to extended and compact sources. Because the range in sizes at a given redshift is very large (two orders of magnitude), a logarithmic scale has been used for the ordinates so as to display more clearly some characteristic features of this diagram. The continuous and dotted curves correspond respectively to the gauge and the Einstein-de Sitter model fits, as given above for the reduced sample. The curves corresponding to the static and $q_0 = 1/2$ models have not been drawn for clarity, but in the former case it is pretty close to the gauge model and in the latter case it is intermediate between the two displayed curves at high redshift.

In addition, three sources (belonging to the "T" or "D1" morphologies) of very large angular size have been taken from recent papers (Refs. 7–9), two of them at very low redshifts and a third one at a redshift much higher than the maximum redshift (2.910) in the whole sample of BM: with $z \approx 3.8$, 4C41.17 is the most distant radio-galaxy presently known. Interestingly, the position of this galaxy

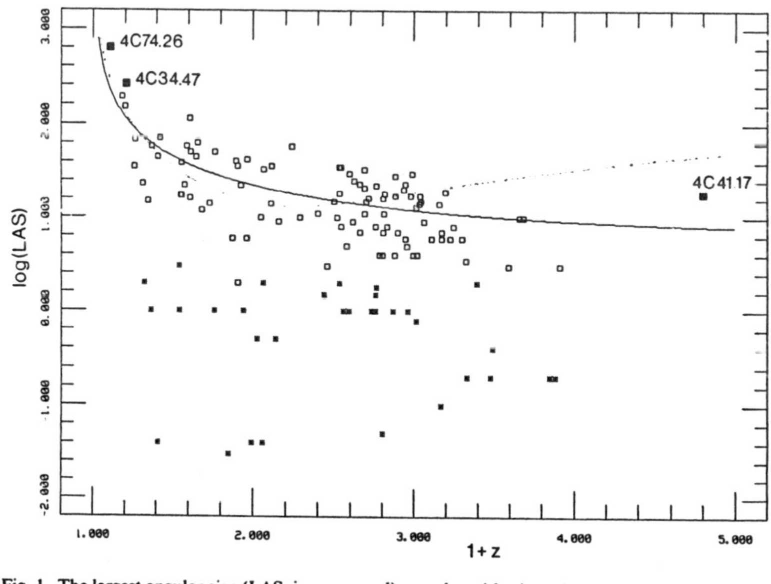

Fig. 1. The largest angular size (LAS, in arcsecond), on a logarithmic scale versus redshift for the 95 extended sources with "T", "D1" and "D2" morphologies (squares) and the 33 compact sources with "SSC" morphology (asterisks). The two curves represent the fits of the gauge model (continuous line) and the Einstein-de Sitter model (dotted line) derived for extended sources in this paper. Three additional radio-sources of very large extent are shown for comparison, 4C41.17 being the farthest galaxy presently known, 4C74.26 the largest radio-source associated with a quasar.

appears in agreement with the impressive upper limit envelope that characterizes triple sources, the shape of which being in fair agreement with the prediction of the gauge model. Also, it is clear that compact sources behave quite differently from triple ones, and moreover they appear to divide into two sub-groups with distinct properties: if the structure of this diagram is not an artefact resulting from the low number of objects involved, then it is tempting to suppose that it could be the signature of markedly different evolutionary trends.

3.2. *The bending*

Let us show also that the more bent, distorted appearance of distant QSOs pointed out by BM may be curiously explained by the new gauge model, provided here again that it is not an artefact resulting from various systematic effects. Since in the new model it is assumed that all the energies are conserved during the cosmic gauge process, we can include the conservation of the rotational energy of the QSO core emitting the jets:

$$E = \frac{1}{2} I \Omega^2 .$$

As $m \propto R$, $I \propto R^3$ and $\Omega \propto R^{-3/2} \Rightarrow \Omega \propto 1/t \propto (1 + z)^{3/2}$, in curious agreement with the one-dimensional power law fit performed by BM on the reduced sample (since the bending is only defined in this latter case) using median values, that is:

$$\log(\text{bending/degrees}) = 0.43 + (1.73 \pm 0.43) \log(1 + z).$$

Now, a linear fit of the gauge law to the same data but with no median values gave:

$$\text{bending (degrees)} = (3.71 \pm 1.24)(1 + z)^{3/2} + (2 \pm 17)$$

in which, again, the constant term is statistically null. Figure 2 is a logarithmic plot of the bending versus redshift in which it can be seen that both laws fit the data and that they cannot be distinguished because of the large natural dispersion.

Now, let us suggest a crude explanation, refering to the recent analysis of Greyber (Ref. 10) on the nature of the central engines in QSOs responsible for their tremendous energy production rates: if we accept the figure, (i) that plasma blobs are ejected at high velocities from the central engine, continuously or not, along the magnetic dipole axis of QSOs and (ii) that this latter is not generally coincident with their angular momentum axis, then we are faced with a model similar to a rotating "garden sprinkler", in which the jets will bend into some kind of a spiral of Archimedes, as long as the interaction with the IGM remains

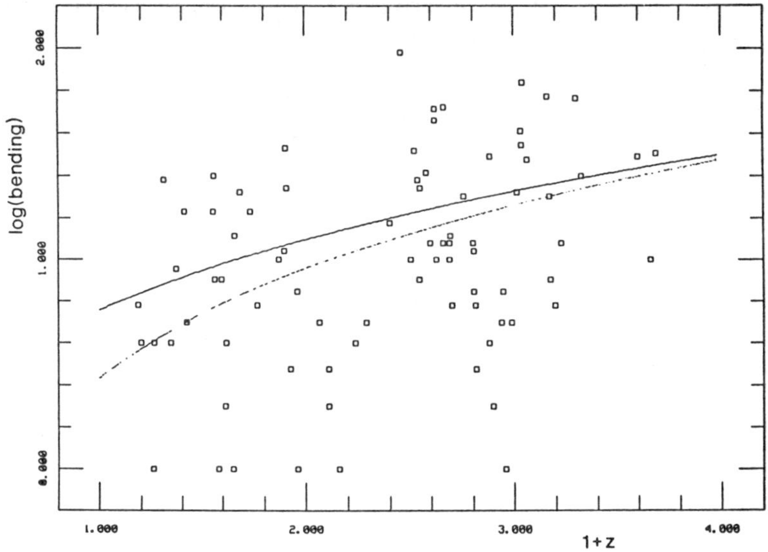

Fig. 2. The bending (in degree), on a logarithmic scale versus redshift for the 83 extended sources with "T" and "D1" morphologies only, for which it is defined. The continuous curve corresponds to the fit of the gauge model, indicating that angular speeds were higher in the past, while the dotted line represents the power law fit of Barthel and Miley (BM).

negligible. And even if this interaction becomes significant at some distance from the nucleus, the jets will stop to expand there, resulting in an increased bending. Since there is no reason why the IGM density would be spherically distributed around QSOs, such interactions could account for the frequently observed asymmetries in their jets together with random effects on the overall bending, as it has been discussed by BM.

As a consequence, the higher the redshift of the QSO, the higher its angular velocity because of the cosmic gauge process, whence the larger the bending of its jets.

4. Conclusion

We have focused on specific features recently evidenced in the distributions of angular sizes and bendings versus redshift for a homogeneous set of 134 radio-QSOs. We found interestingly that the gauge model with "variable constants" provides better or comparable fits to the angular sizes distribution than do the conventional models, and moreover that it provides a direct explanation of the bending distribution while the conventional models fail to do so: because of the cosmic gauge process, quasars and galaxies were rotating more rapidly in the past.

Though it appears unlikely that the observed trends (smaller angular size and larger bending of distant QSOs) will be weakened by future observations over larger samples, we cannot escape the possibilities (i) that these trends are significantly affected by various effects or artefacts such as those recently mentioned by Kapahi (Ref. 11), inducing systematic bias in flux-limited samples of radio-quasars as compared with radio-galaxies, and (ii) that the crude assumptions we made on some of the mechanisms involved with the bending are not representative.

As a conclusion, the gauge model offers a new, attractive alternative to the observed, irritating fact that the geometric properties of extragalactic objects are consistent with non-evolving galaxies in a static Universe, as it has been pointed out for example by La Violette (Ref. 5): further investigations are necessary to test if the new model competes with the tired-light cosmology for number counts of galaxies (Ref. 5), or if it provides a direct explanation to the trend outlined by BM for intrinsic powers, i.e., that the luminosity of distant QSOs is much higher than for those nearby.

References

1. J. P. Petit, *Mod. Phys. Lett.* **A3** (1988) 1527.
2. J. P. Petit, *Mod. Phys. Lett.* **A3** (1988) 1733.
3. P. D. Barthel and G. K. Miley, *Nature* **333** (1988) 319 (BM).
4. V. K. Kapahi, in *Observational Cosmology*, eds. A. Hewitt, G. Burbidge, and L. Z. Fang (Reidel), p. 251.
5. P. A. La Violette, *Ap. J.* **301** (1986) 544.
6. M. L. Norman, J. O. Burns, and M. E. Sulkanen, *Nature* **335** (1988) 146.
7. J. M. Riley, P. J. Warner, S. Rawlings, R. Saunders, and G. G. Pooley, *Mon. Not. R. Astron. Soc.* **236** (1988) 13 p.
8. P. D. Barthel, J. R. Hooimeyer, R. T. Schilizzi, G. K. Miley, and E. Preuss, *Ap. J.* **336** (1989) 601.
9. M. M. Waldrop, *Science* **241** (1988) 905.
10. H. D. Greyber, *Comments Astrophys.* **13** (1989) 201.
11. V. K. Kapahi, *Astron. J.* **97** (1989) 1.

ANNEXE 5

COSMOLOGIE. — *Univers jumeaux, énantiomorphes, à temps propres opposés.*
Note (*) de **Jean-Pierre Petit**, présentée par M. André Lichnerowicz.

Dans une Note précédente ([1]) un modèle newtonien unifié avait été présenté, qui conduisait à une équation semblable à celle de Heckman et Sücking ([2]). Le présent travail fournit la même équation, dans un contexte géométrique différent et semble offrir une description plus fidèle d'un système matière antimatière.

In a previous Note a unified newtonian model was presented, leading to an equation similar to Heckman and Sücking's. The present work is imbedded in a different geometric framework, and gives the same equation too. But it offers a better description of a matter antimatter system.

1. INTRODUCTION. — Dans une Note précédente ([1]) un modèle à deux populations, de mêmes masses et de charges opposées, évoluant dans un même euclidien, avait été étudié. L'hypothèse de l'équilibre thermodynamique local avait conduit à une solution unifiées où R (t), grandeur caractéristique de cet univers, obéissait à une équation semblable à celle de Heckman et Sücking, à la valeur de la constante près ([2]). Nous allons introduire ici un contexte géométrique différent en introduisant N populations, chacune évoluant dans un espace euclidien ($\vec{r}_i$, $\vec{w}_i$, t_i, $\times_i$), où $\times_i$ désigne le produit vectoriel.

L'évolution du système se déduira d'une étude de N équations de Vlasov couplées par les champs (le mode de couplage sera défini plus loin). Nous ferons encore ici l'hypothèse de l'équilibre thermodynamique local. Ainsi les fonctions de distribution de la vitesse seront elles choisies maxwelliennes.

L'hypothèse maxwellienne à elle seule conduit à un certain nombre de propriétés se référant aux paramètres macroscopiques. Ainsi les températures sont-elles nécessairement uniformes. Quant à la vitesse macroscopique, elle est, pour chaque population, la superposition d'un champ de vitesse radiale correspondant à la loi de Hubble et d'une rotation instationnaire en corps solide.

On s'oriente délibérément vers des solutions particulières où les densités n_i de dépendent que des temps. Dans ces conditions les équations à l'ordre zéro se réduisent à : $n_i \sim T_i^{3/2}$.

Ces propriétés découlent des N premiers lots de 17 équations aux dérivées partielles issus des N équations de Vlasov.

2. ESPACES JUMEAUX, L'HYPOTHÈSE DE L'ÉQUILIBRE THERMODYNAMIQUE ET SES CONSÉQUENCES. — A ce stade il n'a aucun couplage entre les solutions f_i. Nous allons supposer que les espaces E_i s'identifient soit à un espace E_1, soit à un espace E_2, qui jouissent des propriétés suivantes :

$$\vec{r}_1 \equiv \vec{r}_2; \quad \vec{w}_1 \equiv \vec{w}_2; \quad t_1 \equiv -t_2; \quad \times_1 \equiv -\times_2. \tag{1}$$

On voit que ces espaces E_1 et E_2 sont énantiomorphes et possèdent des temps propres opposés. Le deuxième volet de l'hypothèse d'équilibre thermodynamique s'écrit :

$$T_i(t_i) = T_j(t_j), \qquad \forall\, i \text{ et } j. \tag{2}$$

Ceci a des conséquences quant aux champs de vitesse macroscopiques. Pour fixer les idées, considérons un modèle à deux populations f_1 dans l'espace E_1, et f_2 dans l'espace E_2. On suppose qu'un observateur situé dans l'un de ces espaces peut percevoir à la fois les éléments de son espace, mais aussi ceux de l'espace jumeau. Soit $\langle \vec{w}_1 \rangle_1$ la vitesse macroscopique des éléments 1, telle qu'elle est perçue par un observateur lié à E_1, et $\langle \vec{w}_1 \rangle_2$ cette même vitesse, perçue cette fois par un observateur lié à E_2. Comme les temps propres sont opposés

$$(3) \qquad \langle \vec{w}_1 \rangle_1 = - \langle \vec{w}_2 \rangle_2$$

et, plus généralement

$$(4) \qquad \langle \vec{w}_i \rangle_j = \frac{t_i}{t_j} \langle \vec{w}_i \rangle_i.$$

Sous cet éclairage E_1 et E_2 sont des points de vue spatiotemporels. L'équilibre thermodynamique nous dit que $T_1\,(t_1) = T_2\,(t_2)$. Ceci entraîne, et il est facile de le voir, que les composantes radiales de $\langle \vec{w}_1 \rangle_1$ et de $\langle \vec{w}_2 \rangle_2$ sont opposées. Ainsi, à la question : « l'univers est-il en expansion ? » il convient de répondre : « cela dépend du point de vue spatiotemporel adopté ». De même, en changeant de point de vue spatiotemporel il y a inversion des sens de rotation des populations. Ce qui rend ce modèle inorientable dans le temps et dans l'espace.

3. Définition du couplage. — A ce stade nous avons deux espaces énantiomorphes et à temps propres opposés, qui contiennent des populations f_i dont on a supposé qu'elles formaient un ensemble en équilibre thermodynamique. Chaque population f_i évolue dans un champ gravitationnel $\vec{g}^{(i)}$, électrique $\vec{E}^{(i)}$, magnétique $\vec{B}^{(i)}$. Nous allons simplement supposer que ces champs sont les résultantes des champs dus à chaque population :

$$(5) \qquad \vec{g}^{(i)} = \vec{g} = \sum_j \vec{g}_j,$$

$$(6) \qquad \vec{E}^{(i)} = \vec{E} = \sum_j \vec{E}_j,$$

$$(7) \qquad \vec{B}^{(i)} = \vec{B} = \sum_j \vec{B}_j.$$

4. Solution newtonienne unitaire. — Pour que la solution soit unitaire il faut que les champs obéissent aux équations de Poisson et de Maxwell, et que les équations restantes, issues des N équations de Vlasov, dégénèrent. Ces équations s'écrivent :

$$(8) \qquad -\overrightarrow{\frac{\partial \psi}{\partial r}} + \frac{q_i}{m_i}\left(-\overrightarrow{\frac{\partial V}{\partial r}} + \vec{E}' + \langle \vec{w}_i \rangle_i \times_i \vec{B}\right) - \overrightarrow{\frac{D_i \langle w_i \rangle_i}{D t_i}} = 0.$$

Nous reprendrons l'idée développée dans la Note précédente :

$$(9) \qquad \vec{B} = B\vec{k}; \qquad \vec{E}' = -\frac{\dot{B}}{2}(\vec{k} \times \vec{r}).$$

On remarquera que les équations de Maxwell sont invariantes par la transformation : t en $-t$, $\times$ en $-\times$ (inversion du produit vectoriel). On constate encore qu'il y a dégénérescence et existence d'une solution si :

$$\frac{\dot{\omega}_i}{\omega_i} = \frac{\dot{T}_i}{T_i}, \tag{10}$$

$$\frac{\dot{B}}{B} = -\frac{2\dot{R}}{R}, \tag{11}$$

$$\omega_i^2 + \frac{q_i \omega_i B}{m_i} = \omega_j^2 + \frac{q_j \omega_j B_j}{m_j}, \qquad \forall i \text{ et } j; \tag{12}$$

(10) exprime que les vitesses angulaires varient comme les températures. Si R est une grandeur caractéristique commune à tous les systèmes, la relation (11) exprime que le champ magnétique est intimement lié au plasma (nombre de Reynolds magnétique infini).

5. Matière et antimatière. — Prenons un système à 2 populations. Supposons d'abord $\omega_1 = -\omega_2$. Dans ces conditions, pour que la densité de courant soit non nulle il faut que $q_1 q_2 < 0$, donc que $m_1 m_2 > 0$. Supposons que la particule 1 représente le proton. Masse m_1 et charge q_1 sont donc positifs. La particule 2 a une masse positive et une charge négative. Si on examine les sens de giration des particules 1 et 2 dans un champ magnétique, ils apparaissent inverses pour un observateur lié à l'un des deux espaces. Imaginons maintenant deux particules 1 et 2 en présence. La particule 1 poursuit la particule 2, laquelle s'échappe de plus en plus vite. Ceci vu de l'espace E_1, bien entendu. Observation inverse à partir du point de vue E_2.

Observées à partir de l'espace E_1 ou de l'espace E_2, les deux populations ont des rotations *a contrario*, ce qui donne un moment cinétique global nul.

Examinons maintenant la représentation $\omega_1 = \omega_2$.

Vues de E_1 ou de E_2 les deux populations tournent dans le même sens. Donc pour que le vecteur densité de courant ne soit pas nul on doit avoir : $q_1 q_2 > 0$, et $m_1 m_2 > 0$. La particule 1 étant censée représenter le proton, on constate que 1 et 2 présentent le même sens de giration dans un champ magnétique. Cette deuxième représentation sera rejetée, car elle ne cadre pas avec les données d'observation sur l'antimatière.

En revenant donc à la représentation un, l'équation d'évolution obtenue est :

$$\boxed{\mathscr{R}^2 \ddot{\mathscr{R}} + \frac{1}{3} - \frac{2}{3\mathscr{R}}(\beta_R^2 + \beta_R \beta_M) = 0.} \tag{13}$$

Elle est identique à celle de la Note [1].

6. Conclusion. — Ce modèle est une tentative de description newtonienne du couple matière-antimatière à travers une représentation géométrique. Matière et antimatière appartiennent ainsi à deux espaces différents, énantiomorphes et à temps propres opposés. On a supposés ces deux entités couplées par l'intermédiaire des champs. Le modèle offre

une symétrie séduisante, l'adoption de l'un ou l'autre de ces points de vues spatiotemporels sur le réel étant tout à fait arbitraire. Il est possible de considérer une solution newtonienne comme une solution à la fois tangente (problème situé dans les euclidiens tangents) et asymptotique (vitesse des éléments faibles devant la vitesse de la lumière), à une solution de la relativité générale. Cette solution ayant un caractère unifié, il serait intéressant d'essayer d'étendre ce travail à l'aide de deux variétés énantiomorphes, à temps propres opposés et ayant même rayon de courbure.

(*) Séance du 28 mars 1977.

(1) J.-P. Petit et G. Monnet, *Comptes rendus*, 283, série A, 1976, p. 1057.

(2) O. Heckman et E. Sücking, *Worlds Models. SEU*, 1958, p. 148-159.

10, *rue Fèlibre-Gaut*,
13100 *Aix-en-Provence*.

ANNEXE 6

MAGNÉTOHYDRODYNAMIQUE. – *Convertisseurs magnétohydrodynamiques d'un genre nouveau : appareils à induction.* Note (*) de **Jean-Pierre Petit** et **Maurice Viton**, présentée par M. André Lichnerowicz.

Un nouveau type d'accélérateur MHD discoïdal, à induction et contrôle d'ionisation, est présenté. Muni d'un générateur autonome d'électricité, ce dispositif pourrait donner naissance à un aérodyne MHD. Une solution permettant de confiner le plasma à la paroi est évoquée.

A new induction MHD accelerator, dist shaped, with controlled ionization, is presented. Associated with a light and powerful electric generator it could become a MHD aerodyne. Solutions for confining the plasma to the wall are indicated.

INTRODUCTION. – Dans une Note précédente ([1]), des convertisseurs MHD d'une géométrie assez particulière, utilisant un fort effet Hall, avaient été décrits. Certains de ces appareils font actuellement l'objet d'une expérimentation.

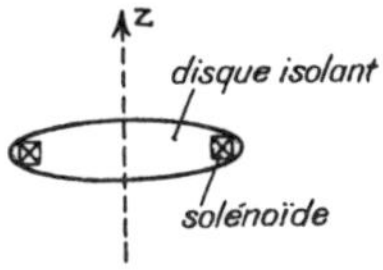

Fig. 1

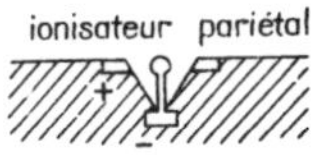

Fig. 2

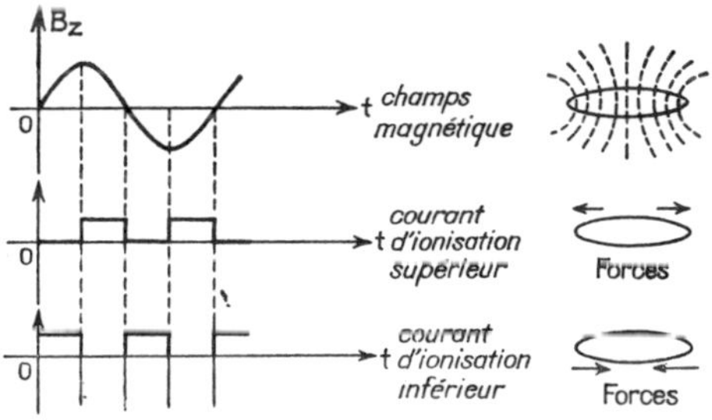

Fig. 3

Dans la présente Note il s'agit cette fois d'un accélérateur MHD à champ magnétique alternatif. Considérons un disque fait d'un matériau isolant, muni à sa périphérie d'un solénoïde parcouru par un courant alternatif (*fig.* 1). La variation de ce champ magnétique tend à créer des courants induits circulaires dans le fluide avoisinant le disque. On suppose l'effet Hall négligeable. Ces courants induits se conjuguent avec la valeur instantanée du champ B pour donner des forces radiales, alternativement centrifuges et centripètes. Le système étant symétrique, ces forces n'ont qu'un effet d'agitation radiale, l'intégrale de la quantité de mouvement au cours d'un cycle étant nulle. L'intensité du courant induit dépend de la valeur de crête du champ B et de sa période T. En deçà d'un seuil du rapport B/T ces courants induits restent faibles.

Accélérateur a contrôle d'ionisation. — Il n'en est pas de même si on munit les parois du disque d'un système quelconque susceptible de créer une ionisation (*fig.* 2). Grâce à ce dispositif on peut maintenant contrôler l'intensité des courants induits en tout point avoisinant la paroi de l'accélérateur. Modulons les alimentations des ionisateurs conformément à la figure 3. On se place dans des conditions où le temps de relaxation

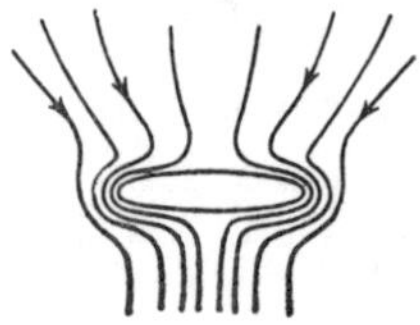

Fig. 4

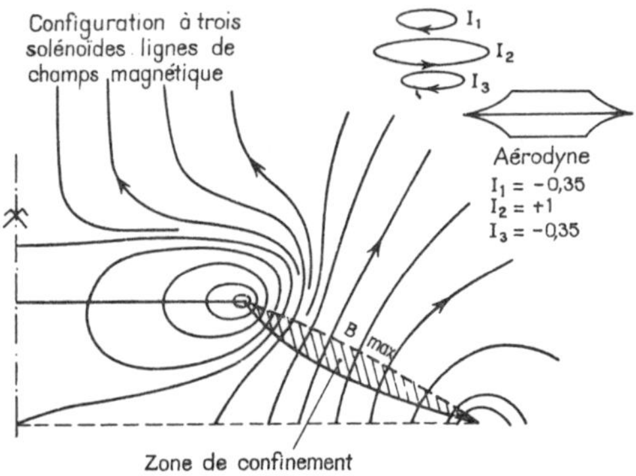

Fig. 5

d'ionisation est faible devant la période T du champ B. Il est facile de voir que, lorsqu'elles apparaissent, les forces de Laplace, radiales, sont centrifuges au voisinage supérieur du disque, et centripètes au voisinage inférieur. L'air ionisé sera sollicité de façon pulsée et il se produira un entraînement fluide suivant le schéma de la figure 4.

Aérodyne MHD. — Si cet accélérateur possède une source autonome d'énergie électrique, on obtiendra un aérodyne MHD à induction et à contrôle d'ionisation. Dans une Note précédente ([1]) un moteur MHD avait été évoqué. Un moteur deux temps où, en fin de phase de compression MHD se produisaient au sein d'un mélange gazeux des réactions de fusion. Le plasma entrait alors en expansion, l'appareil dans cette seconde phase se comportant en générateur électrique du type de Hall.

Citons pour mémoire un article récent de Ralph Moir ([2]). Celui-ci propose également un moteur MHD alternatif, de formule différente, et apparemment plus simple. L'élément essentiel est une chambre toroïdale qui n'est autre qu'un Tokamak. Moir estime que les conditions de Lawson peuvent être atteintes dans une compression MHD, qui pour ce type d'appareil est du genre théta pinch. L'expansion du plasma de fusion comprime alors les lignes de forces du champ magnétique et il y a production directe de courant électrique par induction. L'intérêt de cette double formule : aérodyne et moteur fonctionnant par induction, est de s'affranchir du problème du passage de forts courants à travers des électrodes.

CONFINEMENT DU PLASMA A LA PAROI. — Le solénoïde inducteur de l'accélérateur discoïde fournit un champ magnétique qui est maximal à la paroi. La pression magnétique aura donc tendance à faire migrer la décharge loin de celle-ci. Si l'on veut contrôler la localisation de l'interaction MHD il faut recourir à une géométrie donnant un maximum de champ non à la paroi, mais au voisinage de celle-ci. Ceci peut-être obtenu par une géométrie à plusieurs solénoïdes comme il est indiqué sur la figure 5. Le calcul montre que l'intensité du champ magnétique est alors maximale sur une surface approximativement conique. Il est indiqué de choisir pour paroi de l'aérodyne une trajectoire orthogonale aux lignes de champ, de manière que les forces de Laplace soient tangentes à celle-ci. L'idée de l'aérodyne MHD est de Jean-Pierre Petit. La géométrie confinante à plusieurs solénoïdes est due à Maurice Viton.

(*) Séance du 8 décembre 1976.

(1) J. P. PETIT, *Comptes rendus*, 281, série B, 1975, p. 157.

(2) R. MOIR, *Direct Conversion of Energy from Fusion*, Rapport UCRL 76096 du Lawrence Livermore Laboratory, Californie, U.S.A.

22, *boulevard des Romaines*,
13400 *Aubagne*.

TABLE

DU MÊME AUTEUR

Aux Éditions Albin Michel

Enquête sur les OVNI, voyage aux frontières de la science.

Dans la série *Les Aventures d'Anselme Lanturlu*

Ces ouvrages peuvent être commandés au prix unitaire de 57 F directement aux Éditions Belin, 8, rue Férou, 75006 Paris, qui prendront à leur charge les frais d'expédition.

1. *Le Géométricon :* Géométrie des espaces courbes
2. *Si on volait?* Mécanique des fluides subsoniques
3. *L'informagique :* Informatique
4. *Tout est relatif :* Relativité restreinte
5. *Le trou noir :* Relativité générale
6. *Big bang :* Genèse de l'Univers
7. *À quoi rêvent les robots :* Robotique
8. *Le mur du silence :* Magnétohydrodynamique
9. *Elle court, elle court, l'inflation :* Économie
10. *Énergétiquement vôtre :* Nucléaire
11. *Cosmic story :* Histoire des idées en cosmologie
12. *Le topologicon :* Topologie
13. *Mille milliards de soleils :* Astrophysique
14. *Et pour quelques ampères de plus :* Électromagnétisme

Dans la série des *Nouvelles Aventures d'Anselme Lanturlu*

Ces ouvrages peuvent être commandés directement aux Éditions Présence, Saint-Vincent-sur-Jabron, 04200 Sisteron, qui prendront à leur charge les frais d'expédition.

Le Logotron : Langage, logique, th. de Gœdel (55 F)
Le Chronologicon : Le temps en cosmologie (55 F)
Joyeuse apocalypse : Armements (51 F)
Opération Hermès : Aventure spatiale (51 F)

Le Logotron et *Le Chronologicon* entrent dans la catégorie « Lanturlu senior » tandis que *Joyeuse Apocalypse* et *Opération Hermès*, accessibles à partir de dix ans, sont en catégorie « Lanturlu junior ».

CET OUVRAGE A ÉTÉ COMPOSÉ
ET ACHEVÉ D'IMPRIMER SUR ROTO-PAGE
PAR L'IMPRIMERIE FLOCH À MAYENNE
POUR LES ÉDITIONS ALBIN MICHEL
EN SEPTEMBRE 1991

N° d'édition : 12003. N° d'impression : 31303.
Dépôt légal : septembre 1991.

Imprimé en France